JN015911

進化するサバ缶詰

サバ缶ブームによる新しい変化

松浦 勉 著

農林統計協会

第 3 章　サバ缶料理の動向

P.24

写真 3-1　ひっぱりうどん

https://www.hotpepper.jp/mesitsu/entry/atsushi-hakuo/18-00013

P.25

写真 3-2　サバサラ

https://www.hesocha.com/entry/sabasara

P.26

写真 3-3　根曲がり汁

https://cookpad.com/recipe/3893216

P.27

写真 3-4　丹後バラ寿司

https://www.city.kyotango.lg.jp/top/kosodate_kyoiku/shokuiku/1/1/4389.html

P.31

写真 3-5　サバ缶ボウルサラダ

https://img.cpcdn.com/recipes/5176347/m/3bb4d7a17010ac0cb479f7900582acf9.jpg?u=3126799&p=1532134870

P.32

写真 3-6　サバ缶のこってり煮

https://cookpad.com/recipe/1331256

P.33

写真 3-7　サバ缶とキュウリのピリ辛塩炒め

https://www.sbfoods.co.jp/recipe/detail/06462.html

はじめに

サバは、北海道から九州まで全国的に水揚げされ、サバ缶を使ったご当地料理が各地でみられる。平成年間の終わりにサバ缶ブームが起きた。サバ缶ブームは、テレビの健康番組とサバ缶レシピ本のコラボレーションにより拡散した。料理レシピの検索・投稿サイトの「クックパッド」は、2018年の「食トレンド大賞」にサバ缶を選んだ。また、「ぐるなび総研（東京）」は、2018年の世相を最も反映した「今年の一皿」に「鯖（さば）」を選んだ。

平成年間の健康ブームの中でも、サバ缶は特にインパクトの大きな社会現象であった。戦後の水産加工品の中で、特定の魚種名を冠したブームが起きたのは極めて珍しい。2018年にはサバ缶の国内生産金額が前年比3割も増加し、同年は食品業界・料理業界にとって、まさにサバ缶イヤーであった。

サバ缶ブームは、SNS（ソーシャル・ネットワーク・サービス）で作られるブームのような、熱くなるのは早いが冷めるのも早いものとは異なる。総務省家計調査月報における魚介缶詰の1世帯当たりの支出金額の推移をみると、2017年8月までは前年同月比とあまり変わらなかったが、同年9月以降2019年9月までは前年同月比が増加した。そして、サバ缶ブームが落ち着いた2019年10月から2020年12月においても、サバ缶の需要量が底上げされたまま続いている。また、サバ缶ブームは、他の水産缶詰（イワシ缶、サケ缶など）や、他のサバ加工品（塩干、シメサバなど）の消費拡大にも貢献した。

本書では、サバ缶ブームがどのように発生してどんな過程をたどったのか、他の青魚缶詰はどのような影響を受けたのか、また、サバ缶ブームによってサバ缶を取り巻く環境がどのように変化したのかを分析する。そして、サバ缶の消費拡大に資すると思われる新しい変化（サバ缶の進化）を明らかにする。

本書は、第1章：水産缶詰におけるサバ缶の位置づけ、第2章：サバ缶ブームの発生過程、第3章：サバ缶料理の動向、第4章：サバ缶の生産・消費・販売の動向、第5章：サバ缶ブームによる新しい変化、第6章：青魚缶詰全体とサンマ缶・イワシ缶の動向、第7章：サバ缶の進化、補論：進化するポルトガルの水産缶詰、から構成される。本書がサバ缶に対する理解を深めるための一助になれば幸甚である。

2021 年 5 月

松浦　勉

目　次

第1章　水産缶詰におけるサバ缶の位置づけ

1．水産缶詰生産の沿革

我が国における水産缶詰生産は、1899（明治32）年に北洋サケ缶の製造が企業化されたことにより実質的に始まった。第二次世界大戦前（以下、「戦前」）の水産缶詰生産は、輸出用と軍用食の需要の増加により支えられた。水産缶詰の生産量は、1935（昭和10）年が約5万トン、このうちサケ缶が約半分、次いでイワシ缶、ツナ缶（マグロ缶とカツオ缶の総称）が占めた。戦前の水産缶詰生産量のピークは1937（昭和12）年であり、その後戦争により減少した。

第二次世界大戦後（以下、「戦後」）になると、水産缶詰産業が急速に復興し、1954年には製造技術の向上や輸出拡大により、戦前の水産缶詰生産量を上回った。日本の貿易収支が赤字であった1960年代前半までの間、水産缶詰は外貨を稼ぐ重要な輸出商品であった。1958年には水産缶詰の輸出金額が、日本全体の輸出金額の4.2％（44,120百万円）を占めた。同年の缶詰別輸出金額をみると、サケ缶（24,699百万円）が過半を占め、次いでツナ缶（8,376百万円）、カニ缶（4,613百万円）、サンマ缶（2,299百万円）、イワシ缶（1,885百万円）、サバ缶（263百万円）、アワビ缶（129百万円）の順であった。

戦後の水産缶詰は、価格の高いサケ缶、ツナ缶、カニ缶などの輸出が拡大し、生産量が順調に増加したが、長くは続かなかった。ニクソンショック（1971年）による円の変動相場制への移行により陰りが見え、次いで、第一次石油危機（1973年）、200海里問題（1977年）など、世界経済をゆるがす大きな出来事が次々と発生した。

200海里水域が設定された1970年代後半、我が国近海ではサバとイワシが大量に水揚げされ、1980年には水産缶詰の生産量と輸出量がともにピークに達し、当時の日本は世界一の水産缶詰輸出国であった。1980年には輸出金額が105,026百万円となり、内訳をみると、サバ缶（52,830百万円）が過半を占め、次いで、ツナ缶（35,460百万円）、イワシ缶（13,178百万円）、サケ缶（126百万円）、カニ缶（59百万円）の順になった。

しかし、1985年9月にニューヨークのプラザホテルで開催された先進5か国蔵相会議（G5）において、ドル高是正を目的としたプラザ合意がなされ、為替の政策的な円高誘導により缶詰の輸出価格が上昇した。このため、我が国の缶詰業界は、東南アジアに生産拠点を移して資本投資や技術移転を進めた。

その結果、東南アジアにおいて水産缶詰産業が急速に成長し、やがて、現地資本が缶詰を積極的に生産し輸出した。そして、東南アジアで生産された価格の安い水産缶詰が、輸出市場で日本産缶詰と競合するようになった。こうして、我が国の水産缶詰は輸出量が減少し、現在ではほとんどが国内販売向けになった。2019年における水産缶詰の合計国内生産量が9万8,716トン、合計生産金額が1,046億円であり、その内訳は、サバ缶（4万4,878トン、295億円）、ツナ缶（3万1,345トン、420億円）、イワシ缶（7,854トン、42億円）、サンマ缶（5,381トン、金額は不明）、サケ缶（2,176トン、26億円）の順であった。なお、水産缶詰の国内生産量、輸出量、輸入量は、缶詰の内容重量であり、缶詰容器の重量は含まない。

コラム1：缶詰はヨーロッパで誕生

ヨーロッパで生まれたびん詰・缶詰は、ナポレオンと深い関わりがある。数々の戦歴を重ねた若きナポレオン・ボナパルトは、イタリア、オーストリア、エジプト遠征でも指揮を執り、フランス軍を勝利に導いた。戦闘に明け暮れるナポレオンにとって、兵士の士気の維持・高揚には、栄養に富む新鮮で美味な兵食を確保することが不可欠。このため、政府は新しい軍用食料貯蔵法の提案に懸賞をかけた。当時の食品貯蔵は、塩蔵、燻製、酢漬けを主体としており、技術が未熟で味が悪く、腐敗の進行も早いことから、長期間の食料貯蔵には難点があった。

この懸賞に応募したフランス人ニコラ・アペールが、ガラス瓶に食物を入れ、密封・加熱殺菌する方法を提案した（1804年）。当時のフランスの新聞には、「アペールは季節を容器に封じ込める技法を発明した。この技法を使えば、季節に影響なく春夏秋が瓶の中で訪れ、農産物が畑にある状態で保存できる」と賞賛した。なお、このような方法で食品がなぜ長期保存できるかは、当時わかっておらず、アペールの発明から約60年後、フランスの細菌学者ルイ・パスツールによる証明を待たねばならなかった。

アペールの発明はびん詰であったが、これをブリキに応用したのが、イギリス人の卸商人ピーター・デュランドであり、ブリキ缶による食品の貯蔵法及び蓋をする容器に関して特許を取得（1810年）。ブリキは鉄の薄版に錫メッキを施しており、酸化作用を受けにくい利点があり、これが缶詰の誕生である。当時の缶詰はブリキ板が厚いため、「のみとハンマーで開けて下さい」と書かれていた。

西ヨーロッパで生まれた水産缶詰技術は、19世紀初頭からの食文化の目覚ましい発展により、ヨーロッパに広く伝播した。その結果、現在では、イワシ（フランス・ポーランド）、アンチョビーのフィレ（イタリア）、油漬けのサバ（ラトビア）、タラの肝臓（ノルウェー・アイスランド）、トマトソースの燻製イワシ（ポルトガル）、オリーブ油のビンナガ（スペイン）、トマトソースのスプラット（ニシン類）（ウクライナ）などが、ヨーロッパ各国の代表的な水産缶詰となった。水産缶詰技術は、その後ヨーロッパから米国、日本などに伝播し、現在は東南アジアにおいて発展している。

2．我が国における主要水産缶詰の国内生産量と輸出量、生産金額の動向

戦後から現在にかけて輸出金額が多く、我が国の水産缶詰を牽引してきたサケ缶、ツナ缶、サバ缶を「主要水産缶詰」として、国内生産量と輸出量、生産金額の動向を述べる。輸出先は、価格が高いサケ缶、ツナ缶は欧米、大衆的価格であるサバ缶はアジアやアフリカが多かった。図1-1「我が国における主要水産缶詰国内生産量の推移」と、図1-2「我が国における主要水産缶詰輸出量の推移」を示した。

まず、サケ缶について述べる。サケ缶の国内生産量は、1950年が1,199トンであったが、1955年には3万5,603トンに増加し、1960年が5万1,677トンのピークになった。しかし、1967年以降の日ソ（旧ソ連）漁業交渉により、我が

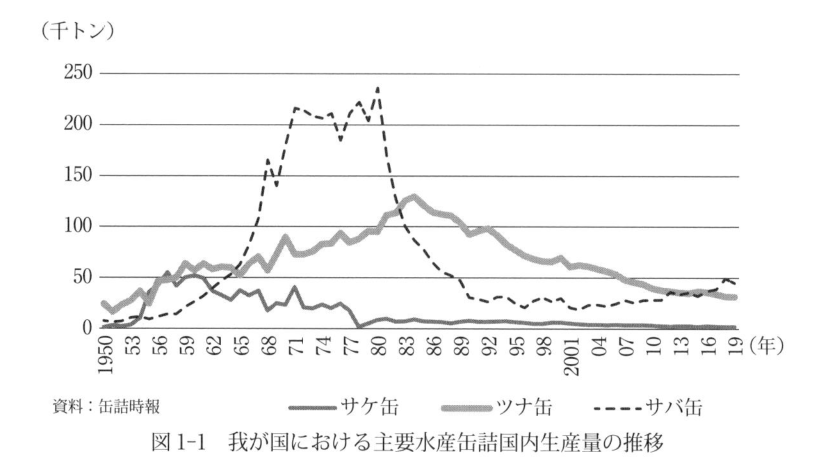

図 1-1　我が国における主要水産缶詰国内生産量の推移

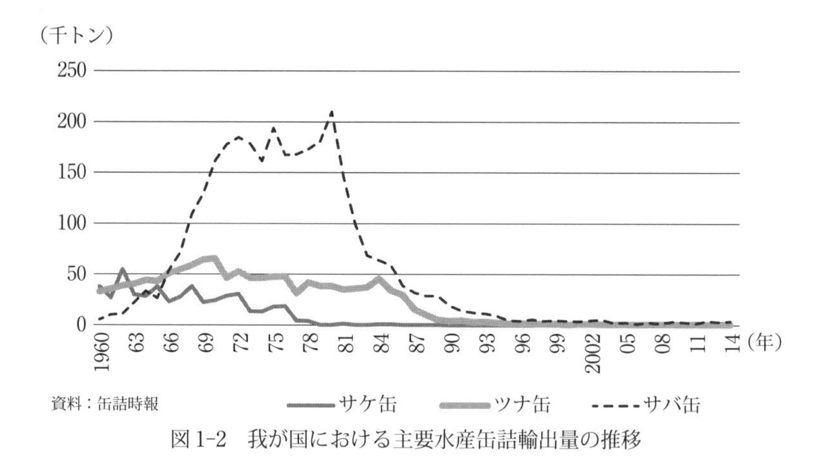

図 1-2　我が国における主要水産缶詰輸出量の推移

国のサケ漁獲割当量が逐年減少の一途をたどった。また、サケは、生鮮・塩蔵向けの国内需要の高まりにより魚価が高騰したことも、缶詰生産量が減少した一因である。

1977 年には 200 海里問題が発生し、北洋漁場が大幅に狭められ、我が国の工船サケ缶の生産が終了した。このため、サケ缶国内生産量は、1977 年の 1 万 7,813 トンから 1978 年には 1,656 トンに激減したが、1980 年代から 1990 年代には、国産サケ漁獲量の増加により 5,000 ～ 9,000 トンで推移し、2019 年が

2,176トンであった。

サケ缶の輸出量は、1960年が3万7,512トンであり、1962年がピークの5万5,244トン、1963～1972年には2万～3万トンで推移した。その後、日ソ漁業交渉によりサケ漁獲割当量が減少したため、輸出量は1973～1976年には1万トンになった。また、1977年に旧ソ連が200海里水域を設定したため、サケ缶輸出量が激減、1982年以降数100トン以下で推移し、2019年が128トンであった。

次にツナ缶について述べる。ツナ缶の国内生産量は、1950年が2万4,225トンであり、その後増加して1958年には5万トン、1981～1989年には10万トンを上回り、1984年が12万9,720トンのピークであった。しかし、その後、減少傾向が続き、2019年には3万1,345トンになった。

ツナ缶の輸出量は、1960年が3万2,503トン、1970年が6万5,675トンのピークであり、米国向けの輸出が多かった。しかし、1970年に米国FDA（食品医薬品局）が実施した「水銀含有量に関する規制」と、その検査に関連したFDAによるデコンポジション（品質不良）を理由とする大量の輸入拒否、1971年のニクソンショックによる円の変動相場制への移行により、1971年以降米国向けのツナ缶輸出が減少した。

ツナ缶は、世界の多くの国々が生産・消費する高度な国際商品であるため、第三国との輸出競合は、サバ缶よりも早期に発生し深刻であった。ツナ缶の第三国との輸出競合は、1980年以降目立ってきた。当初の競合国はフィリピンや台湾であったが、1983年頃からタイが輸出市場へ急速に進出、瞬く間に世界市場を席巻した。また、1985年のプラザ合意による急激な円高は、水産缶詰全般にわたって価格競争力を低下させ、ツナ缶の輸出量が1988年に1万トンを下回り、2019年には527トンであった。なお、「缶詰時報」（公益社団法人日本缶詰びん詰レトルト食品協会の月刊誌）によると、1972年まではマグロ缶のみの統計であったが、1973年以降マグロ缶とカツオ缶を併記する統計になり、現在に至っている。

3番目にサバ缶について述べる。サバ缶の国内生産量は1950年が7,511トンであり、その後増加して1967年には10万トン、1971～1980年が20万トンになり、1980年が23万5,932トンのピークになった。しかし、その後輸出量が減少に転じたため、1984年以降の国内生産量は数万トンで推移し、2019年が4万4,878トンであった。

サバ缶の輸出量は、1960年の5,243トンから、1968年には10万トンに増加し、1980年が20万9,946トンのピークであった。しかし、サバ缶の輸出先は、フィリピンやナイジェリアなど外貨事情の悪い発展途上国が多いため、不安定な為替相場とあわせ、採算性が低かった。そして、サバ漁獲量の減少や第三国との輸出競合の激化により、1982年には10万トン、1994年には1万トンを下回り、2019年が2,007トンであった。サバ缶はツナ缶とは異なり、あまり多くの国で生産・消費されないため、第三国との輸出競合はあまり深刻ではなかったが、価格面での競合とともに、サバ漁獲減に伴う缶詰生産の減少により輸出量が減少した。

次に、図1-3に、「我が国における主要水産缶詰生産金額の推移」を示した。生産金額は、1978年から「缶詰時報」に掲載される「推定生産金額」を用いた。サケ缶の生産金額は、1978年には北洋漁場でのサケ操業が終了したことから、わずか14億円であったが、1993年には国産サケを原料にサケ缶を生産して、105億円のピークになった。しかし、その後減少傾向にあり、2019年が

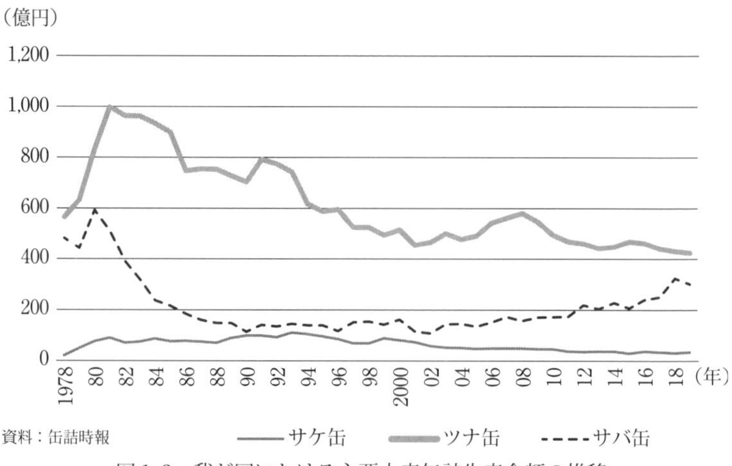

図1-3　我が国における主要水産缶詰生産金額の推移

26億円であった。ツナ缶は1978年が562億円、1981年が997億円のピークであったが、その後減少傾向にあり、2019年が420億円であった。また、サバ缶は、1978年が478億円、1980年が589億円のピークであったが、その後一旦減少して、2002年が101億円になったものの、その後増加して2019年が295億円であった。サバ缶は、生産金額ではツナ缶に及ばないが、2016年以降生産量がツナ缶を上回った。

第２章　サバ缶ブームの発生過程

１．テレビ番組によりサバ缶人気が急上昇

サバ缶ブームの高まりにより、サバ缶の国内消費量が予想を超えて急増した。サバ缶人気は、いつ頃から高まったのか。公益社団法人日本缶詰びん詰レトルト食品協会公認の缶詰博士・黒川勇人（くろかわはやと）氏（缶詰時報 2013 年 4 月号）は、「思えば、2009 年頃から確かに缶詰ブームは起きていた。その根拠は、各メディアでの取り上げ回数の増加にある。2010 年になると、『缶詰バー出店拡大』『家（うち）飲み増加で缶詰見直し』『差別化を図った新商品も登場』など、缶詰情報の内容がにぎやかになってきた。なかでも、食品総合商社・国分（こくぶ）が発売した『缶つま』シリーズは、『酒の肴に最高です』とコンセプトを絞り込んで話題になった。また、同年には『家飲み派』に向け、店頭での販促が活発化し、つまみ需要が高まった」と述べている。

2011 年に東日本大震災が発生すると、備蓄食料としての水産缶詰の優位性が改めてクローズアップされた。容器が剛健であること、常温で長期保存できること、多様な食材や料理が商品化されていること、栄養価が高く衛生的で安心・安全度が高いことなど、これらは元々、缶詰が持っている特性である。また、2000 年代半ばからサバ類漁獲量が増えて、サバ缶の生産量が増加したことも、サバ缶の人気を後押しした。

テレビの健康番組によるサバ缶の登場は、2013 年 7 月 30 日（火）、テレビ朝日の「たけしの健康エンターテインメント！みんなの家庭の医学」が最初と思われる。この番組では、サバのような脂の乗った青魚には DHA（ドコサヘキサエン酸）、EPA（エイコサペンタエン酸）が豊富に含まれ、これらの栄養素が「GLP-1」を出す細胞を刺激する。「GLP-1」とは、必要以上の食べ過ぎを抑えて、糖分が腸で緩やかに吸収される働きを持つ「痩せるホルモン」であり、小

腸を刺激するサバ缶をとることによって分泌が促進される。サバ缶を食べると、「痩せる努力をしなくても痩せられる」などと紹介された。このため、ダイエットに興味のある人たちがすぐサバ缶に殺到した。2013年8月6日当時のツイッターには、「スーパーからサバ缶が消えたらしいね」「品薄で申し訳ありませんって紙が貼ってあった」などといったつぶやきがあった。

その後しばらくの間、サバ缶を扱うテレビ番組は少なかったようだが、2017年秋頃からサバ缶を扱う番組が再び目立つようになった。例えば、2017年10月24日（火）には、テレビ朝日の「名医とつながる！たけしの家庭の医学」『血管の老化を止める（秘）食材＆つまずき防止体操』が放送された。1日1食サバ缶のタマネギマリネを食べることによって、内臓脂肪を減らすBAT（褐色脂肪細胞）がどこまで増えるのかを検証した。BATは脂肪細胞でありながら、内臓脂肪を燃焼させる働きがある。

2017年12月5日（火）には、TBSの「マツコの知らない世界」『マツコの価値観激変！さば缶の世界』が放送され、国内で販売される「月花さば水煮」「サヴァ缶（レモンバジル味）」「味の加久の屋のサバ缶」などのサバ缶が紹介された。

2018年4月4日（水）には、NHKの「ガッテン！」『新生活に！時短に！缶詰を使いこなしスペシャル』が放送された。ここでは、水産缶詰の賞味期間は一般に3年であるが、缶詰には食べ頃がある。水揚げされた魚は、通常、魚肉の筋繊維をコラーゲンが束ねているが、缶詰の場合、115度前後の加圧加熱によってコラーゲンが溶け、筋繊維に隙間ができる。隙間に調味液の塩分がゆっくり浸み込んでいくが、そのスピードが遅いため、熟成に数か月以上を要している。このため、日本のツナ缶は半年寝かせて出荷していることが紹介された。

2018年10月23日（火）には、テレビ朝日の「林修の今でしょ！講座」でサバ缶が取り上げられた。魚を鍋で加熱すると、さまざまな栄養素が酸素と反応して壊れてしまう。しかし、缶詰は加熱しても酸素が少ないので、栄養素が残りやすい。このため、缶詰のサバは生のサバよりも、頭の働きを良くするDHA、血液をサラサラにするEPA、骨を作る成分であるカルシウムやビタミンDが多いことが紹介された。

インターネット上で「健康番組で買い物客が殺到した事例」をヤフー検索すると、2018年11月1日当時でも、2013年7月30日（火）に放送された「たけしの健康エンターテインメント！みんなの家庭の医学」が最上位に位置していた。このことは何を意味しているか。日本人は平均寿命が世界のトップクラスであることから、健康寿命を強く意識するようになった。これらの健康番組では、学識経験者による健康に関する講義の後、いずれもサバ缶のレシピを紹介している。このレシピの中で、健康な高齢者が日常的に食べているサバ缶、郷土料理として利用されるサバ缶の話などが織り込まれている。番組をみた視聴者の多くが翌日スーパーに行き、サバ缶を購入するため、スーパーの売り場の棚からサバ缶が消える事態が話題になった。

コラム2：平成年間は健康ブーム

平成年間は31年4月末で終わったが、少子高齢化の中にあって、国民の間で健康への関心が高まった時代でもある。表コラム-1に、「平成年間における飲食品の健康ブーム年表」を示した。健康寿命は、男女とも2001年から2013年にかけて2歳ほど長くなったようだ。1990（平成2）年が青汁、1997（平成9）年が赤ワインであった。

表コラム-1　平成年間における飲食品の健康ブーム年表

平成	西暦	食品名
2年	1990年	青汁
4	92	リンゴダイエット
6	94	野菜スープ健康法
7	95	ココア、アガリクス（シイタケ菌糸体エキス）
8	96	オリーブオイル、ノンシュガー
9	97	赤ワイン
10	98	発芽玄米、チョコレート
11	99	ブルーベリー
12	2000	海洋深層水、黒ゴマ

13	01	アミノ酸、健康油
14	02	ヨーグルト、にがり、低インシュリンダイエット
15	03	第2次豆乳ブーム
16	04	コエンザイムQ10、黒酢、ジンギスカン
17	05	寒天
19	07	スプラウト、雑穀米、コラーゲン
20	08	朝バナナ、朝キウイ
24	12	塩麹
25	13	トマト
26	14	スムージー、塩レモン
27	15	サラダチキン
28	16	甘酒（麹）、水素水、冷やご飯ダイエット
29	17	スーパーフード
30	18	サバ缶

資料：「健康カプセル！元気な時間」TBSテレビ
平成の健康ブーム（2019年3月17日放送）

また、2018（平成30）年はサバ缶ブームの年であった。料理レシピの検索・投稿サイトの「クックパッド」は、2018年の「食トレンド大賞」にサバ缶を選んだ。また、「ぐるなび総研（東京）」は、2018年の世相を最も反映した「今年の一皿」に「鯖（さば）」を選んだ。ぐるなび総研によると、災害で缶詰の重要性が注目され、サバ缶の価値が改めて認知されたことなどが選定の理由である。

平成年間の健康ブームの中でも、サバ缶ブームは特にインパクトが大きかった。戦後の水産加工品において、特定の魚種名を冠したブームが起きたのは極めて珍しい。2018年の食品業界・料理業界は、まさにサバ缶イヤーであった。

2．テレビ番組とレシピ本がコラボレーション

表2-1に、「サバ缶のレシピ本とテレビ番組の関係」を示した。表中の「サバ缶のレシピ本」の欄をみると、2013～2018年にサバ缶を使ったレシピ本が出版されている。サバ缶を使った料理は、従来、和食が多かったが、レシピ本

表2-1　サバ缶のレシピ本とテレビ番組の関係

西暦（年）	サバ缶のレシピ本		サバ缶のテレビ番組	
	本の名称	発行（月）	番組名	放送（月）
2013	「やせるホルモン分泌！さば缶で健康になる！」（奥薗壽子他2名著、学研マーケティング）	10	テレビ朝日の「たけしの健康エンターテインメント！みんなの家庭の医学」。サバのような脂の乗った青物さかなはEPA、DHAが豊富に含まれ、これらの栄養素が痩せるホルモンである「GLP-1」を出す細胞を刺激する。サバ缶を食べると、痩せる努力をしなくても痩せられるなどと紹介。	7
	「簡単！おいしい！サバ缶レシピ」（ナガタユイ、河出書房新社）	10		
2017	「やせるホルモンGLP-1が効く！サバ缶ダイエット」（白澤卓二他2名著、主婦の友社）	6	テレビ朝日の「名医とつながる！たけしの家庭の医学」『血管の老化を止める（秘）食材&つまずき防止体操』。サバ缶の玉ねぎマリネが内臓脂肪を燃焼させてくれる働きがあるなどと紹介。	10
			TBSの「マツコの知らない世界」『マツコの価値観激変！サバ缶の世界』。国内で販売されるサバ缶を紹介。	12
2018	「蘇るサバ缶震災と希望と人情商店街」（須田泰成著、廣済堂出版）	3	NHKの「ためしてガッテン」『新生活に！時短に！缶詰を使いこなしスペシャル』。	4
	「毎日、サバ缶！」（日経BP社）	5		
	「まいにち絶品！「サバ缶」おつまみ」（きじまりゅうた著、青春出版社）	5	テレビ朝日の「林修の今でしょ！講座」。缶詰のサバは生のサバよりも、頭の働きを良くするDHA、血液をサラサラにするEPA、骨を作る成分であるカルシウムやビタミンDが多いなどと紹介。	10
	「安うま食材使い切り！さば缶使いきり！」（KADOKAWA）	6		
	「女子栄養大学栄養クリニックのサバ水煮缶健康レシピ」（女子栄養大学栄養クリニック著、田中明監修、アスコム）	6		
	「おいしいサバ缶」（小田切雅人／医療監修、小山浩子／料理監修、宝島社）	9		
	「待たせず、たちまち「即完成」サバ・THEつまみ」（オレンジページ）	10		

注：1）サバ缶のレシピ本はインターネット検索と書店での市場調査による。
　　2）サバ缶のテレビ番組はインターネット検索による。

では洋食や中華、さらに創作料理が多数みられるようになった。

2013年には2冊のサバ缶レシピ本が出版された。レシピ本「やせるホルモン分泌！さば缶で健康になる！」によると、GLP-1は、必要以上の食べすぎを抑え、糖分が腸で緩やかに吸収される働きを持つ「痩せるホルモン」であり、小腸を刺激するサバ缶をとることによって分泌が促進される、と紹介されている。

表中の「サバ缶のテレビ番組」に掲載された2013年7月30日（火）の「たけしの健康エンターテインメント！みんなの家庭の医学」には、レシピ本「やせるホルモン分泌！さば缶で健康になる！」を監修された家庭料理研究家・奥薗壽子さんが登場。「やせるホルモン分泌！さば缶で健康になる！」は、テレビ番組を介して、サバ缶ブームのきっかけとなった草分け的存在のレシピ本といえる。

表2-1によると、2014～2016年の3年間、サバ缶レシピ本の出版やサバ缶のテレビ番組はあまり見られなかったようだ。しかし、2017年には、2つのテレビ番組でGLP-1のダイエット効果の他に、生活習慣病に関わるサバ缶の健康効果が放送された。このうちの1つが同年10月24日（火）のテレビ朝日「名医とつながる！たけしの家庭の医学」『血管の老化を止める（秘）食材』である。この番組にも奥薗壽子さんが出演された。

2018年になると、出版されるサバ缶レシピ本の種類が増加し、多くのテレビ局がサバ缶の番組を取り上げるようになった。そして、缶詰博士の黒川勇人氏、和食料理人の野崎洋光氏、水産缶詰生産が盛んな静岡市出身の落語家・春風亭昇太氏など、多くの著名人が出演してサバ缶を紹介された。

テレビの健康番組とサバ缶レシピ本のコラボレーションにより、サバ缶ブームが拡散していった。インターネット時代において、水産加工品が多くのメディアや料理教室で盛んに取り上げられたことは、これまでなかったことである。

コラム3：中央水産研究所のサバ缶マニア

中央水産研究所は、国立研究開発法人水産研究・教育機構（本部は神奈川県横浜市）の研究所の1つであり、横浜市金沢区に所在し、正式には「中央水産研究所（横浜庁舎）」と呼ばれていた。この研究所は、2020年7月20日の組織改正により再編された。しかし、このコラムでは2018年当時のことを述べるので、中央水産研究所と呼ぶ。

中央水産研究所では、水産業と海や魚についての理解を深めてもらうため、年に一度「一般公開」を開催していた。2018年の一般公開は、10月13日（土）に「もっと知りたい！海と魚！」をテーマに開催され、その目玉の1つが「サバ缶の試食会」であった。中央水産研究所の一般公開でサバ缶を扱うのは初めてであった。H研究員（男性、当時24歳）とS研究員（男性、当時29歳）の2人のサバ缶マニアの提案・協力等により、サバ缶の試食会が実施された。

まず、中央水産研究所の2人の研究員について紹介したい。同研究所・経営経済研究センターのH研究員は、自らがこれまで収集した30品目のサバ缶を展示した。また、同研究所・水産物応用開発研究センターのS研究員は、サバ缶を試食するために14品目のサバ缶を用意した。

H研究員は、東京海洋大学食品生産学科に在学中、缶詰の製造実習を体験したことをきっかけとして、サバ缶に関心をもつようになった。H研究員は、科学的に美味しいサバ缶とはどのようなものかということに関心を持っている。

S研究員は、サバ水煮缶と筋肉トレーニングを組み合わせたダイエットに取り組んでいる。S研究員は、2018年6月から昼食のお弁当をサバ缶に置き換えて筋肉トレーニングに励み、約半年間で体重を65kgから59kgに減量、ウェストを7cm減らすことに成功。

S研究員は、京都大学大学院農学研究科で食品の栄養と健康機能について研究した時の知識を活用し、サバ缶を利用したダイエットに挑戦した。S研究員がダイエットにサバ缶を選んだ理由は、サバ缶にはミネラルの一種、セレンが多いことをあげた。セレンは、人体のサビつきの原因となる活性酸素から体を守り、体の内側から若々しさを保つ役割をもつ。S研究員は、サバに含まれるセレンの健康機能について研究している。日本人のセレン摂取量の3分の1が魚介類由来。サバ缶に含まれるセレン化合物は抗酸化機能を有するので、筋肉トレーニングで生じた活性酸素を減らすことができると考えている。

3．総務省家計調査月報からサバ缶ブームを読む

表2-2に、「総務省家計調査月報における魚介缶詰の1世帯当たり支出金額の推移」を示した。魚介缶詰の1世帯当たり支出金額をみると、2017年9月から2019年9月までの支出金額は、前年同月比を上回り、この間における支出金額のピークは、2018年12月の353円であった。そして、2019年10月以降、支出金額が前年同月比を下回るようになったことから、サバ缶ブームは2019年9月までで終了したといえよう。

しかし、2019年10月から2020年12月までの支出金額は、引き続き200円以上を維持し、ブーム前の2016年の各月を上回った。なお、2020年3～6月

表2-2　総務省家計調査月報における魚介缶詰の1世帯当たり支出金額の推移

（単位：円）

	1月	2	3	4	5	6	7	8	9	10	11	12	年間合計
2016年	188	187	211	211	204	205	230	232	193	195	193	235	2,484
2017	176	203	213	216	202	204	232	229	216	221	214	266	2,593
2018	186	205	225	214	230	236	252	257	226	251	253	353	2,891
2019	225	256	275	252	246	266	277	263	257	244	205	248	3,014
2020	215	249	315	304	268	276	272	266	247	217	229	282	3,140
2017/2016年の比率	94%	109%	101%	102%	99%	100%	101%	99%	112%	113%	111%	113%	104%
2018/2016年の比率	99	110	107	101	113	115	110	111	117	129	131	150	116
2019/2016年の比率	120	137	130	119	121	130	120	113	133	125	106	106	121
2020/2016年の比率	114	133	149	144	131	135	118	115	128	128	128	128	128

資料：日刊缶詰情報（東京食料新聞、2021年2月8日）

の支出金額は前年同月比を再び上回ったが、これは新型コロナウイルス感染症予防対策による巣ごもり需要発生の影響によるものと思われる。

魚介缶詰の1世帯当たり支出金額（年間合計）は、2016年が2,484円であり、その後も毎年増加して、2017年が2,593円、2018年が2,891円、2019年が3,014円、2020年が3,140円であった。このことから、サバ缶ブームをきっかけに、魚介缶詰の1世帯当たり支出金額の年間合計は、2017～2020年の4年連続で前年比を上回った。

4．マグロ缶ブームとサバ缶ブームの比較

インパクトのある水産缶詰ブームは、戦後2回発生した。1回目は、1960年代以降に発生したマグロ缶ブーム、2回目が今回のサバ缶ブームである。これら2つの水産缶詰ブームを比較してみよう。

まず、マグロ缶ブームとはどのようなものであったのか。我が国は、戦後当初から、価格の高い「油漬け」と「水煮」のマグロ缶を欧米へ大量に輸出した。油漬けは野菜エキスと植物油（綿実油）を調合したもの、水煮は油を除いた調味液を注入したものである。この当時、国内では、大衆的価格の「大和煮」や「フレーク味付け」など和風マグロ缶が販売されていた。大和煮は醤油と味醂、砂糖の効いた決まった味、フレーク味付けはマグロ油漬け缶の製造工程でマグロ蒸煮肉をクリーニングした時に生じるフレーク肉（血合部分を含む）を使用したものであった。

マグロ缶の輸出は、1960年代になると、日本産マグロ缶に対する米国の輸出規制が厳しくなった。このため、国内のマグロ缶詰会社は、マグロ缶を輸出向けから国内向けに転換する必要性が出てきた。このような中、静岡県静岡市に本社がある「はごろも缶詰（株）」（現在の「はごろもフーズ（株）」）[1)] は、1958年からマグロ油漬け缶を「シーチキン」の名で販売していたが、国内ではあまり知られていなかった。

このため、同社は、自社ブランドのシーチキンをテレビで広め、製品の名を家庭に送り込むことにした。まず、1967年には同社の地盤と目された名古屋地区において、月1,000万円の予算でシーチキンのテレビ宣伝を開始。その後、

1968年にはおひざ元の静岡地区（月500万円予算）、1969年には大阪地区（月1,500万円予算）、1971年には東京地区（月3,000万円予算）でそれぞれテレビ宣伝を開始。また、1973年にはフジテレビ系25局ネットを通じ、全国にシーキチンのテレビ宣伝を開始した。1974年の放映料は年間4億円であった。

テレビ宣伝が功を奏して、「洋風化した新しい食生活にマッチした高級志向」の缶詰として、シーチキンは国民から大いに受け入れられ、販売量が年々増加した。1960年代半ば頃には、テレビによる宣伝など「失敗すれば命取りになりかねない」といわれた時代であったが、その積極策がシーチキンのブランド名を確固たるものとしたばかりでなく、国内市場開拓の原動力になった。シーチキンの販売量が拡大したため、他の缶詰会社も、別の商品名を使って、マグロ油漬け缶の販売促進を積極的に行うようになった。

静岡缶詰協会に加入する缶詰会社によるマグロ油漬け缶の国内生産量は、1968年には7万余函であったが、1969年が43万函、1972年が100万函、1975年が200万函、1979年には400万函に増加した。なお、1函（カートン、ケース）には缶詰が4ダース（48個）収納。マグロ油漬け缶の1函の内容重量は、ツナ2号缶の場合9.6kgである。

図2-1に、「マグロ缶における油漬けと水煮の国内消費量の推移」を示した。国内消費量は、国内生産量から輸出量を差し引いた数値である。なお、同図

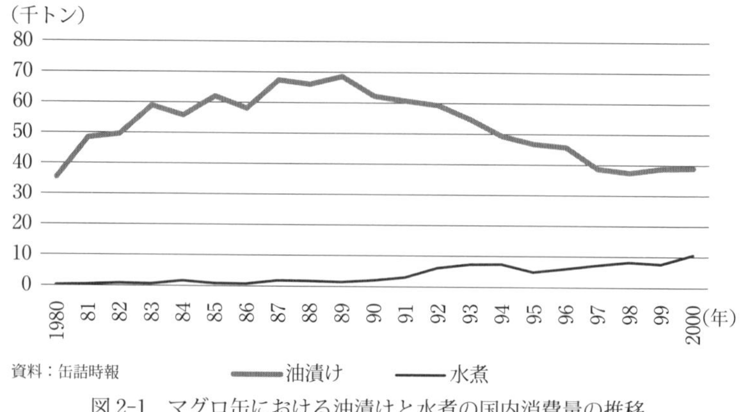

図2-1　マグロ缶における油漬けと水煮の国内消費量の推移

は、マグロ缶の輸入量が少なかった2000年までのデータを使用した。マグロ油漬けの国内消費量は、1960年代から増加し、特にオイルショック後の増加が著しい。これは、マグロ油漬けが消費者の手作り料理、素材志向にマッチし、用途の広さからその実質価値が見直されたためである。また、食生活の洋風化、高級化によって、油漬けの国内需要が増加した面もある。マグロ油漬けの国内消費量は、1980年には3万5,600トン、1989年には6万8,600トンのピークとなったが、その後減少し、2000年が3万9,000トンであった。

一方、マグロ水煮の国内消費量の推移を見ると、1980年には200トンであり、1980年代は少なかったが、1990年代に入ると増加し、1992年が6,000トン、2000年が1万700トンであった。1990年代になって、なぜマグロ油漬けの国内消費量が減少し、マグロ水煮が増加したのか。これは、消費者のダイエットに対する関心の高まりによって、高カロリーの油漬けの代わりに、低カロリーの水煮を買う人が増えたことが一因である。しかしながら、2000年においても、マグロ缶は、油漬けの方が水煮よりも約4倍消費量が多い。これは、油漬けの方が水煮に比べてコクや味わいがあることや、油漬けは油切りしてカロリーを減らして使用することができることによる。

次に、サバ缶ブームとはどのようなものなのか。サバ缶は、マグロ缶とは異なり、輸出の開始時期が遅かったため、戦後当初から、現在と同様、国内では味噌煮や水煮、味付けが主に消費されていた。

図2-2に、「サバ缶における水煮と油漬けの国内消費量の推移」を示した。サバ水煮の国内消費量は、1980年代から2000年代には5,000～1万トンの間で推移し、2010年代になって増加に転じ、2018年と2019年には2万トンになった。一方、サバ油漬けの国内消費量は、1980～2019年には一貫して数100トンで少ない。ある缶詰会社は、以前、サバ油漬けの国内販売に努めたものの、販売量が増加しなかった。サバ油漬けは日本人の嗜好にあまり合わないようだ。

日本人は、なぜマグロ缶は油漬け、サバ缶は水煮を好むのだろうか。表2-3に、「マグロとサバにおける鮮魚と缶詰の成分値の比較」を示した。鮮魚マグロ（キハダとビンナガ）は脂質が少なく、鮮魚サバは脂質が多い。そこで、日本

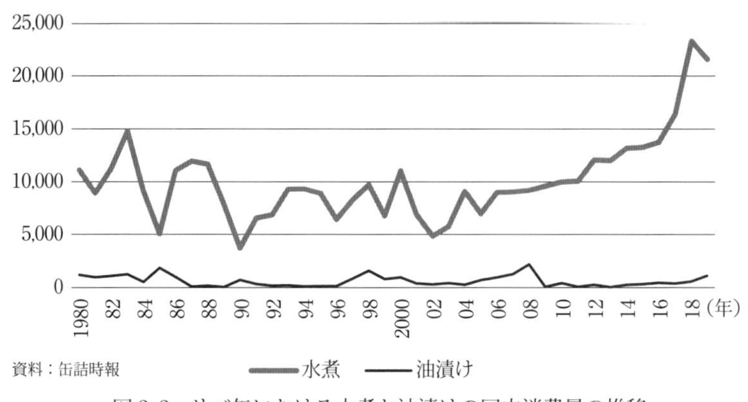

図 2-2　サバ缶における水煮と油漬けの国内消費量の推移

表 2-3　マグロとサバにおける鮮魚と缶詰の成分値の比較

（単位：g）

魚種名	食品名	タンパク質	脂質
サバ	鮮魚：マサバ	20.6	16.8
	缶詰：水煮	20.9	10.7
マグロ	鮮魚：キハダ	24.3	0.4
	鮮魚：ビンナガ	26.0	0.7
	缶詰：水煮（フレーク・ライト（キハダ））	16.0	0.7
	缶詰：水煮（フレークホワイト（ビンナガ））	18.3	2.5
	缶詰：油漬け（フレークライト（キハダ））	17.7	21.7
	缶詰：油漬け（フレークホワイト（ビンナガ））	18.8	23.6

資料：日本食品標準成分表 2015 年版（七訂）
注：成分値は、各食品の可食部 100g あたり

人は、鮮魚の脂質が少ないマグロにはオイル（脂質）を加えた油漬け、また、脂質が多いサバにはオイルがない水煮として、魚種の特性を生かした調理形態の缶詰を消費していることがわかる。

また、2 つの水産缶詰ブームの継続期間をみると、マグロ缶ブームは、缶詰会社による 1960 年代からのテレビ宣伝により 10 年間以上の長きにわたり続いた。一方、サバ缶ブームは、テレビの健康番組とサバ缶レシピ本のコラボレーションにより2年間続き、テレビ番組がきっかけのブームの中では比較的長かった。

注

1）はごろも缶詰（株）50年史編集委員会、「はごろも缶詰の50年」、1981年

第３章　サバ缶料理の動向

１．サバ缶を使ったご当地料理

サバは、北海道から九州まで全国で水揚げされ、サバ缶を使ったご当地料理が各地でみられる。サバ缶のご当地料理は、地域伝統食である和食の看板メニューの１つになっている。ここでは、山形県のひっぱりうどん、新潟県のサバサラ、長野県の根曲がり汁、京都府の丹後バラ寿司の４つのご当地料理について、料理の作り方や食べ方・特徴、料理の由縁などについて紹介する。

①山形県の「ひっぱりうどん」

山形県の内陸部には、ゆであがったうどん（主に乾麺を用いる）を釜や鍋からすくい上げて、サバ缶や納豆などで作ったタレに絡めて食べる「ひっぱりうどん」がある。「ひっぱる」の意味は、釜からうどんをひっぱるから、納豆の糸をひくからなど諸説がある。

ひっぱりうどんの作り方は簡単。鍋でお湯を沸かし、うどんを入れる。つけだれは納豆に醤油を加えたものが基本。それにサバ缶の水煮や生卵を加えるのが一般的。お好みでネギや鰹節などを加え、麺が茹であがればできあがり。鍋から直接うどんをひっぱりながらタレをつけて食べる。

ひっぱりうどんは、当初、納豆にネギなどが用いられ、サバ缶は使われていなかった。その後、1961 年山形県西村山地区に旧日魯（にちろ）漁業系列のサクランボやモモなどの缶詰加工を主目的とした工場ができたことをきっかけに、旧日魯漁業（株）のサバ缶が地域住民に広く食されるようになった。

冬が厳しい山形県内陸部では、非常時に備え、保存食として乾麺や缶詰などを家庭に常備しており、農家の多くは自家製の納豆を作っている。ひっぱりうどんは手間がかからず味も良いことから、家庭の料理として取り入れられ、次第に広まった。

ひっぱりうどんの発祥地は、村山市戸沢地区という説がある。村上市戸沢地区市民センター内には、「旧暦の大晦日は地域みんなでひっぱりうどんを食べて、新年・家族・地域に幸運を引っ張り寄せよう」と、2010年2月12日に「ひっぱりうどん研究所」（佐藤政史所長）が設立された（写真3-1）。

写真3-1　ひっぱりうどん
https://www.hotpepper.jp/mesitsu/entry/atsushi-hakuo/18-00013

②新潟県の「サバサラ」

「サバサラ」は、新潟県燕三条産の美味しいタマネギとサバ水煮缶を使ったシンプルな料理。見た目とは裏腹に、とても味わい深い食べ方になっている。

サバサラの作り方は、まず、サバの水煮缶を開けて（汁は捨てない）、マヨネーズを３～４回転かける。その上に荒目に切ったタマネギみじん切りをこぼれるように盛る。その上に刺身醤油を１回転かけて、七味をふりかけて出来上がり。ご飯のおかずの他に、お酒のおつまみとしても最適である。

旧日魯漁業（株）の創業者である堤清六は、新潟県三条市の出身。三条市の人々は、郷土が生んだ偉大な実業家、堤清六に敬意を表しながらサバ缶を食べる。旧日魯漁業（株）は統合してマルハニチロ（株）になったが、三条市の人たちは旧日魯漁業（株）の缶詰商標である「あけぼの」のサバ缶を食べる。使用するサバ缶はスープと身肉の2つに分け、スープはご飯に注いで食べる。三条市の人たちは、「三条名物サバサラは世界のソウルフード！」を合い言葉に、日本だけでなく、世界中の人たちに食べてもらいたいと思っている（写真3-2）。

写真3-2　サバサラ

https://www.hesocha.com/entry/sabasara

③長野県の「根曲がり汁」

長野県北信濃地方では、根曲がり竹とサバの水煮缶を入れた「根曲がり汁」を食べる習慣がある。根曲がり竹は、雪国を代表する山菜であり、高さ1～3mになるイネ科のチシマザサの別名。根曲がり竹は、5月初旬から7月初旬しか採れない、北信濃地方に住む長野県民が愛してやまない食材である。

「根曲がり汁」の作り方は、出汁を入れ水が沸騰したら、根曲がり竹と軽くほぐした缶詰のサバを入れて、一度火を止める。次に、味噌を溶き、再び火をかけて温め、お好みで青ネギを入れると完成。

海のないこの地方では、その昔は川魚を入れたり、身欠きニシンを入れていたが、1950年代半ば以降に普及し始めたサバ水煮缶が代用されて広まった。地元の人にとっては素朴な定番料理であるが、タケノコ汁とサバ缶という組み合わせのおもしろさから、テレビなどで紹介され、県外にもファンが増えた。短い初夏の間だけ採れる根曲がり竹と安価なサバ缶を組み合わせただけのタケノコ汁。毎年、根曲がり竹の季節になると、スーパーマーケットには大量のサバ缶が並ぶのが風物詩になっている（写真3-3）。

写真3-3　根曲がり汁

https://cookpad.com/recipe/3893216

④京都府の「丹後バラ寿司」

京都府北部の丹後地方には、サバ味付け缶をそぼろ状に炒って敷き詰めた「丹後バラ寿司」がある。丹後バラ寿司は、全国でこの地方だけに伝わる独特な寿司。

バラ寿司の作り方は、「まつぶた」と呼ぶ長方形の浅い木箱に寿司飯を薄く敷きつめ、その上に甘辛くサバを炒り煮したそぼろを散らし、さらに寿司飯を敷いた後、サバのそぼろ、カマボコ、シイタケ、錦糸卵、紅ショウガや季節の具材を彩りよく散らす。朴(ほう)の木の寿司ベラで四角に切って取り分けもてなす。祭りや祝い事、集会行事など、人の集まる時に欠かすことのできないもてなしの一品。

丹後半島の近海ではサバが漁獲されるが、サバは鮮度の落ちるのが早く、産地では保存のための加工技術が発達した。丹後バラ寿司は、2018年に日本遺産丹後ちりめん回廊の構成文化財に認定された（写真3-4）。

写真3-4　丹後バラ寿司
https://www.city.kyotango.lg.jp/top/kosodate_kyoiku/shokuiku/1/1/4389.html

以上、4つのご当地料理を紹介したが、人気番組「秘密のケンミンSHOW」（日本テレビ）で紹介されたものも含まれる。これらのご当地料理をみると、「山形県のひっぱりうどん」と「新潟県のサバサラ」は、旧日魯漁業（株）の工場がある地域や創業者の出身地という由縁がある。丹後地方ではサバ加工技術の発達により、年中行事と密接なかかわりあいの中で「バラ寿司」が生まれ、また、海のない北信濃地方では地元の山菜汁の具材として、「根曲がり汁」が生まれた。

サバ缶を使ったご当地料理は、多様な食材を使用し、自然の美しさを表現したものであり、年中行事と関連し、家族や地域の絆となっている。

2．サバ缶レシピ本の出版動向

水産缶詰のレシピ本を手にとると、料理の説明だけでなく、缶詰の素晴らしさも教えてくれる。レシピ本にはどのようなことが掲載されているのだろうか。

インターネットで検索すると、水産缶詰のレシピ本を何冊か見つけることができる。表3-1に、「サバ缶等のレシピ本」を示した。2013年から2018年にかけて、19冊のレシピ本が出版された（本屋さんにはこれら以外の本も並んでいる）。19冊のレシピ本は、2013年に2冊、2014年と2015年、2017年に1冊ずつ、2018年には14冊の本を確認することができた。サバ缶レシピ本の売れ行きが好調なため、サバ以外の魚種の水産缶詰のレシピ本も出版された。

まず、サバ缶レシピ本の特徴を見てみよう。2013年に出版された『やせるホルモン分泌！さば缶で健康になる！』と、2017年に出版された『やせるホルモンGLP-1が効く！サバ缶ダイエット』において、やせるホルモンであるGLP-1は、青魚が持っているEPAを摂取することで分泌を促され、そのEPAを豊富に含んでいる食材がサバ缶であると紹介された。

2018年に出版された『血管＆脳が若返る！「水煮缶」簡単レシピおいしくて健康に効く72品』では、水煮缶の効用を次のように記している。「高血圧・糖尿病・認知症・骨粗しょう症を防ぐ。旬の食材のおいしさと栄養がギュッ！と詰まった水煮缶が大人気！特に魚介の水煮缶は、生よりも栄養価が高いといわれている。その理由は、水揚げしたばかりの新鮮な素材を真空状態で加熱殺菌・調理するから、栄養分が失われにくく、長期間保存しても新鮮さを保つことができる。皮や骨まで丸ごと食べられるので、良質のタンパク質やカルシウムがたっぷりととれ、しかもノンオイルで薄味、下処理不要、そのまま食べることもできるし、ひと手間加えるだけで簡単においしく健康に効く一品ができる。魚離れが進み、血管や脳を若返らせる働きがあるDHAやEPAが不足しがちな現代人。魚介の水煮缶を日頃の食生活に上手に取り入れて老化防止に役立てましょう」

また、2018年に出版された1冊、『女子栄養大学栄養クリニックのサバ水煮缶健康レシピ』では、サバ水煮缶が最強の健康食といわれる理由は、①血管を

表3-1　サバ缶等のレシピ本

西暦（年）	本の名称	著者	出版社	出版（月）
2013	やせるホルモン分泌！さば缶で健康になる！	奥薗壽子他2名	学研マーケティング	10
	簡単！おいしい！サバ缶レシピ	ナガタユイ	河出書房新社	10
2014	血管を強くする「水煮缶」健康生活	女子栄養大学栄養クリニック	アスコム	6
2015	体と心がよろこぶ缶詰「健康」レシピ	今泉マユ子	清流出版	1
2017	やせるホルモンGLP-1が効く！サバ缶ダイエット	白澤卓二他2名	主婦の友社	6
2018	蘇るサバ缶震災と希望と人情商店街	須田泰成	廣済堂出版	3
	かんたん！ヘルシー！魚の缶詰レシピ	キッチンさかな	河出書房新社	4
	毎日、サバ缶！	—	日経BP社	5
	まいにち絶品！「サバ缶」おつまみ	きじまりゅうた	青春出版社	5
	血管＆脳が若返る！「水煮缶」簡単レシピ　おいしくて健康に効く72品	石原新菜監修	扶桑社	5
	血管が若返る水煮缶レシピ	村上祥子	永岡書店	5
	安うま食材使い切り！さば缶使いきり！	—	KADOKAWA	6
	女子栄養大学栄養クリニックのサバ水煮缶健康レシピ	女子栄養大学栄養クリニック	アスコム	6
	高血圧・高血糖・コレステロール・肥満　食べて改善！水産缶で健康になる！	小田原雅人/医学監修　料理・レシピ/奥薗壽子	学研プラス	6
	魚の缶詰レシピ	—	ぶんか社	8
	おいしいサバ缶	小田切雅人/医療監修　小山浩子/料理監修	宝島社	9
	待たせず、たちまち「即完成」サバ・THEつまみ	—	オレンジページ	10
	生の魚じゃ、こうはいかにゃいシリーズ1　鰯缶	—	オレンジページ	12
	簡単！おいしい！いわし缶レシピ	磯村優貴恵	河出書房新社	12

注：インターネット調査による。

強くし血液をサラサラにする、②中性脂肪、コレステロールを改善する、③骨を強くする、④脳の認知機能を改善する、⑤老化を防ぐ、の5つがポイント。しかし、それだけではない。料理が簡単、しかも美味しいから、料理の苦手な人、調理に時間をかけたくない人、忙しい人の強い味方と紹介。

さらに、イワシ缶を掲載したレシピ本をみてみよう。2018年に出版された『生の魚じゃ、こうはいかにゃいシリーズ1 鰯缶』と、『簡単！おいしい！いわし缶レシピ』を紹介する。これらの本では、「イワシ缶において一番人気は蒲焼き味。また、煮付け（醤油味）や味噌味、オイルサーディンなど、その種類の豊富さも魅力。イワシ缶には、他の魚に負けず劣らず、DHAとEPAをはじめとする、脳や血管に働きかける栄養素がたっぷり含まれている」「骨粗しょう症対策に登場するのがイワシ缶。健康な骨をつくるのに欠かせない栄養素といえばカルシウムやマグネシウム、ビタミンDなどであるが、イワシ缶はこれらをいずれも豊富に含んでいる」と記載。イワシ缶は、サバ缶と同様にメディアなどで取り上げられることが増え、健康志向の高まりと相まって、消費量が増加した。

3．レシピ本にみるサバ缶料理

料理レシピの検索・投稿サイト「クックパッド」で検索したサバ缶のレシピ数は、8,800品（缶詰時報2021年1月号71ページ）。ここでは、サバ缶レシピ本の中から、2017年に出版された『やせるホルモンGLP-1が効く！サバ缶ダイエット』（白澤卓二他2名、主婦の友社）という本を選んだ。この本から、①サバ缶とタマネギ、②サバ缶でサラダ、③サバ缶でスープ、④サバ缶でメインおかず、⑤サバ缶であえもの、⑥サバ缶とめん、⑦サバ缶とパン、⑧サバ缶でおつまみ、⑨サバ缶とごはん、⑩サバ缶で鍋、の10タイプに類型化してサバ缶料理を紹介する。このうち、①～④では紹介した料理の簡単な作り方を記載したが、⑤～⑩では作り方が長文なため、料理名だけを紹介する。

①サバ缶とタマネギ

「サバ玉オリーブオイルとわさび」は、ピリッとしたわさびの辛みが引き立つ味。作り方は、タマネギとオリーブオイル、わさびを混ぜ合わせ、水気を切ったサバ缶を器に盛り、合わせてかけてできあがり。

その他の料理として、「サバ玉ポン酢とごま油」や「サバ玉はちみつと粒マスタード」などがある。サバ缶を使ったご当地料理で紹介した「新潟県のサバサラ」もこのタイプ。

②サバ缶でサラダ

「サバ缶ボウルサラダ」は、三つ葉、水菜、つまみ葉を食べやすい大きさに切り、サバ缶はあらく手でほぐす。マッシュルーム、油揚げ（フライパンなどで焼いて小さく切る）を加えて和えてできあがり。

その他の料理として、「サバ缶とホウレンソウのサラダ」や「サバ缶のワカメサラダ」などがある（写真3-5）。

写真3-5　サバ缶ボウルサラダ
https://img.cpcdn.com/recipes/5176347/m/3bb4d7a17010ac0cb479f7900582acf9.jpg?u=3126799&p=1532134870

③サバ缶でスープ

ランチに適した「洋風スープ」は、サバ缶、ミックスベジタブル、コンソメ、トマトケチャップにお湯を注いでできあがり。その他の料理として、「みそ汁」や「梅干しスープ」などがある。「長野県の根曲がり汁」もこのタイプ。

④サバ缶でメインおかず

「サバ缶のこってり煮」は、サバに片栗粉をまぶし、170度の揚げ油で色よく揚げ、また、フライパンに調味料（酒、味醂など）を強火でとろりとするくらいまで煮詰め、火からおろしてサバを加え絡めてできあがり。サバ缶の栄養を丸ごと閉じ込めた蒲焼き風である。その他の料理として、「サバ缶のアクアパッツァ」や「サバハンバーグ」などがある（写真3-6）。

写真3-6　サバ缶のこってり煮
https://cookpad.com/recipe/1331256

⑤サバ缶であえもの

「サバ缶とナスのわさびマヨあえ」は、マヨネーズでテッパンの味付け。その他の料理として、「サバ缶とゴーヤの甘酢あえ」や「サバの梅あえ」などがある。

⑥サバ缶とめん

「サバパスタ」は、トウガラシ、ニンニク風味のスタンダードな味。その他の料理として、「サバ缶の冷汁そうめん」や「サバ缶のごまだれぶっかけそうめん」などがある。「山形県のひっぱりうどん」もこのタイプ。

⑦サバ缶とパン

「サバホットサンド」は、サバとマヨネーズがスタンダードな味わい。その他の料理として、「サバとナスのブルスケッタ」などがある。

⑧サバ缶でおつまみ

「サバ缶とキュウリのピリ辛塩炒め」は、さっと炒めるだけで食卓のアクセントになる。その他の料理として、「サバ豆腐」や「サバ缶のピザ風」などがある（写真3-7）。

写真3-7　サバ缶とキュウリのピリ辛塩炒め
https://www.sbfoods.co.jp/recipe/detail/06462.html

⑨サバ缶とごはん

「サバ水煮カレー」は、ショウガをきかせたクイックサバカレー。その他の料理として、「サバそぼろ丼」や「サバ缶の冷や汁」などがある。「京都府の丹後バラ寿司」もこのタイプ。

⑩サバ缶で鍋

「サバトマト鍋」は、栄養バランス抜群でダイエット効果がアップ。その他の料理として、「タイ風サバ鍋」や「揚げ豆腐のサバ缶雪見鍋」などがある。

レシピ本を通して、幅広い年代の女性がサバ缶を様々な料理に使用していることも、サバ缶需要が拡大した理由の１つである。

第4章　サバ缶の生産・消費・販売の動向

1．サバ缶の生産動向

サバは、漁獲統計上、マサバとゴマサバの2種を「サバ類」として集計されている。マサバはゴマサバよりも資源量が大きく、また、ゴマサバはマサバよりも南方系の魚である。日本周辺のサバ類漁獲量は、さばはね釣り漁業による漁獲が主体であった1950年代後半には20万トン程度であった。その後、まき網漁業による漁獲量の増加に伴い、1968年には101万トン、1978年には163万トンのピークになった。そして、1991年には26万トンにまで減少したが、1997年には85万トンに回復、その後は変動を繰り返し減少傾向にあったが、2018年には54万トン、2019年が45万435トンに増加した。

図4-1に、「サバ缶の国内生産量と価格の推移」を示した。サバ缶の国内生産量は、1980年頃には20万トンであったが、輸出量の減少とともに急減し、

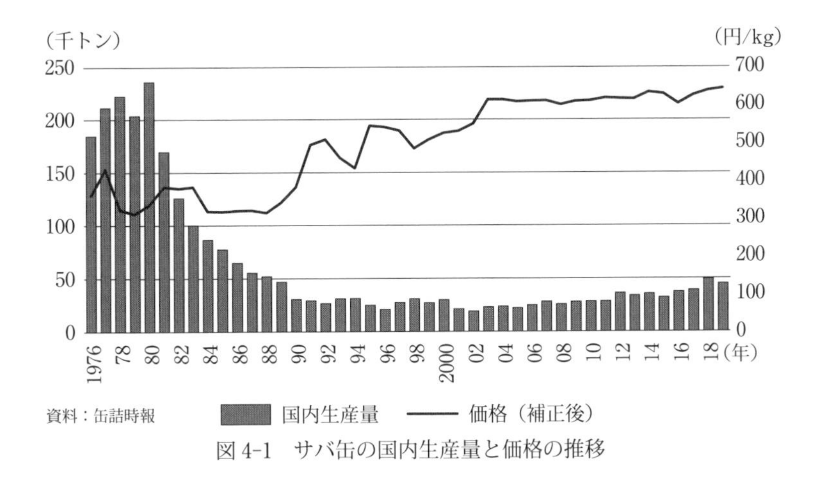

図4-1　サバ缶の国内生産量と価格の推移

2005 ～ 2011 年が 2 万トン、2012 ～ 2017 年が 3 万トン、2018 年には 4 万 9,348 トンに増加したが、2019 年になると、海外からサバ缶が過剰に輸入されたため、4 万 4,878 トンに減少した。

サバ缶の価格（円 /kg）は、「缶詰時報」に掲載される「サバ缶の推定生産金額（年間）」を「国内生産量（年間）」で除したものである。サバ缶の価格は、2015 年を基準年として消費者物価指数で補正。サバ缶価格は、1960 年代後半から 1973 年秋まではかなり低調であったが、第一次石油危機（1973 年）をきっかけに 1974 年から上昇。1974 年にはサバ缶価格が上昇しても国内のサバ缶消費量が減少せず、サバ缶は以前のような低価格商品のイメージから脱却した。1977 年には 200 海里問題による魚価の異常な高騰と、急激な円高相場の進行により、サバ缶価格が 1976 年の 361 円から 1977 年には 429 円に高騰。しかし、1979 年になって消費者の魚離れが顕在化したため、サバ缶価格が 311 円に下落した。

サバ缶の原料魚は、従来はすべて国産サバが使用されていたが、国内のサバ類漁獲量の減少をきっかけに、1990 年頃以降北欧サバ（大西洋サバ、主にノルウェーから輸入）も使用されるようになった。北欧サバの輸入に伴い、原料価格が上昇し、サバ缶価格は 1989 年の 342 円から、1992 年が 508 円、2004 年には 613 円になった。2000 年代半ばから国内のサバ類漁獲量が再び増加し、国産サバを原料とした生産が増加したため、2005 ～ 2010 年のサバ缶価格は 599 ～ 610 円で推移した。サバ缶ブームにより、国内需要が急増したが、サバ類漁獲量が増加しなかったため、原料価格が高騰し、サバ缶の価格は、2016 年の 602 円から 2019 年には 657 円に上昇した。

2．サバ缶の国内消費量と調理形態別国内消費量比率の動向

まず、図 4-2 に、「サバ缶の国内消費量と国内消費量比率の推移」を示した。国内消費量は、国内生産量から輸出量を差し引いたもの。また、国内消費量比率は、「1 －輸出量比率（輸出量÷国内生産量）」から求めた。なお、サバ缶は 2018 年から輸入量が急増したが、調理形態別の輸入数量が不明なこともあり、国内消費量の算出には輸入量を用いなかった。

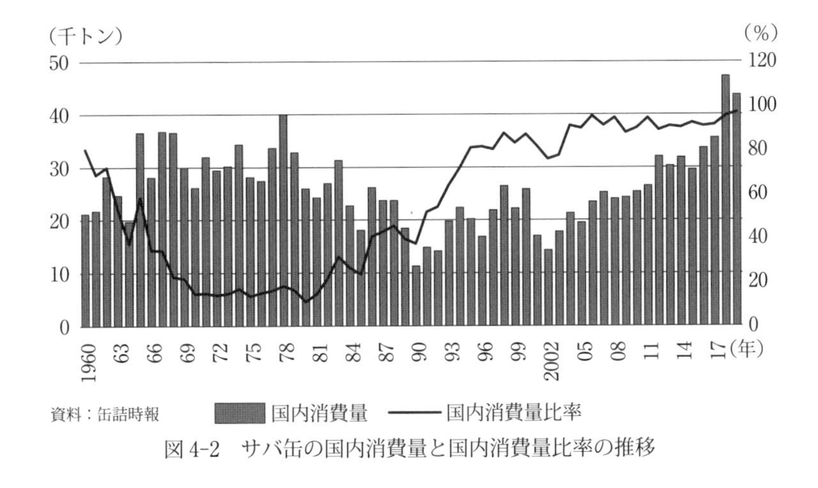

図4-2　サバ缶の国内消費量と国内消費量比率の推移

サバ缶の国内消費量は、1960年が2万トンであり、その後増減を繰り返しながら推移し、サバ類漁獲量が少なかった1990年代初めは1万トンに減少。その後、2006～2011年が2万トン、東日本大震災後の2012～2017年が3万トン、サバ缶ブームにより2018年と2019年には4万トンに増加した。

国内消費量比率は、輸出が少なかった1960年には80％と高く、その後の輸出増加に伴い、1970～1981年には10％で推移した。しかし、1983年になると、サバ缶の大口輸出先であったナイジェリアとフィリピンが政治的混乱と外貨不足により、いずれも輸入を停止したため、国内消費量比率は、1982年の21％から1983年には31％に上昇。その後、第三国がサバ缶を生産すると、輸出市場での価格競合により輸出量が減少し、サバ缶の国内消費量比率は増加を続け、1998年の87％から、2004年以降90％台の年が多くなり、2019年は96％であった。

図4-3に、「サバ缶の調理形態別国内消費量比率の推移」を示した。調理形態別国内消費量比率（以下、「消費量比率」）とは、国内消費量合計に占める調理形態別国内消費量の比率である。サバ缶の調理形態には、水煮、味噌煮、味付け（醤油味）、照り焼き、油漬けなどがあり、このうち、水煮、味噌煮、味付けの消費量比率の合計は、1970～2019年にはいずれの年も90％を占めた。

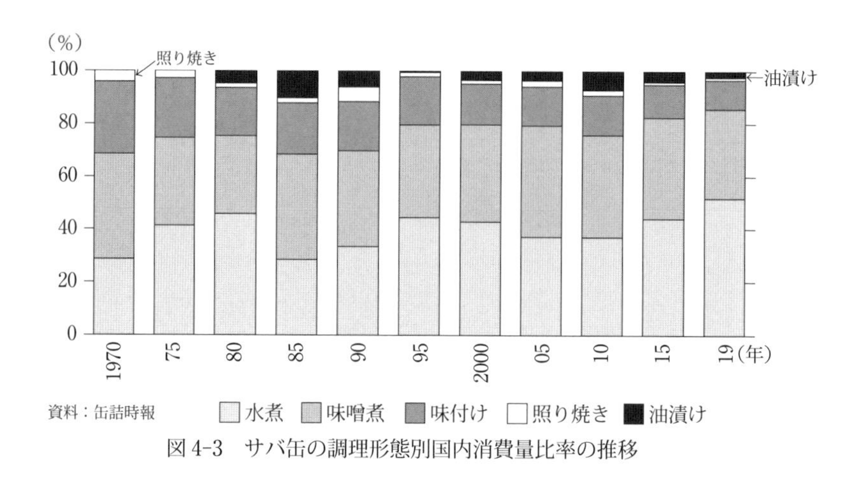

図 4-3　サバ缶の調理形態別国内消費量比率の推移

水煮の消費量比率は、1970 ～ 2015 年には 20 ～ 40％で推移したが、サバ缶ブームにより 2019 年には 52％に増加。水煮は和食以外の料理にも広く利用され、特に素材缶としての使用が急増した。水煮の国内消費量は、2017 年の 1 万 7,500 トンから、2018 年には 2 万 4,600 トン（前年比 1.4 倍）に急増した。また、味噌煮の消費量比率は、1970 ～ 2019 年にはいずれも 30 ～ 40％で安定的に推移した。一方、味付けの消費量比率は、1970 ～ 1985 年には 20％の年が多かったが、1990 年以降 10％に低下した。しかし、味付けの国内消費量は、2003 年の 3,200 トンから、2019 年には 4,800 トンに増加した。

コラム 4：日本人が好むサバ缶は江戸時代の食文化を引き継ぐ

戦後直後に日本人が食した水産缶詰は、醤油と味醂、砂糖などで濃く味付けされた決まった味の「大和煮（やまとに）」が多かった。この味は、魚種に関係なく、魚本来の味を消したものであった。しかし、戦後直後の食糧難時代を脱すると、日本人の食生活が近代化した。

サバ缶の調理形態別国内消費量をみると、1970 年には味噌煮、味付け、水煮の順、2019 年には水煮、味噌煮、味付けの順に多く、日本人は一貫して、これら 3 つの調理形態のサバ缶を好んで食べている。これら調味料は、水煮が「塩」、味噌煮が「味噌」、味付けが「醤油」である。

　江戸時代に「味噌」が発明されると、味噌のタマリから「醤油」が考案され、そして、海水からとった「塩」の三大調味料が完成した。日本人が好む3つの調理形態のサバ缶は、江戸時代の食文化である三大調味料の味を引き継いでいる。

3．サバ缶の調理形態別販売金額の動向

　株式会社「KSP-SP」は、全国の主要な食品スーパーマーケットのPOSデータを収集して、水産缶詰（マグロ・カツオ以外）の上位品目の企業名、商品名、販売金額をとりまとめている。そして、月報（販売金額が上位50品目）と年報（販売金額が上位100品目）の2つを作成。まず月報を用いて、表4-1に、「水産缶詰（マグロ・カツオ以外）の販売金額上位50品目における調理形態別サバ缶の販売金額順位の推移」を示した。ここでは、年間の国内消費量が多い12月のデータを用いた。

　上位50品目に占めるサバ缶の合計品目数は、2010年には9品目と少なかったが、その後増加し、2018年には32品目のピークとなり、2020年が27品目であった。調理形態別にみると、2010～2016年には味噌煮の品目数が一番多かったが、2017年以降水煮の品目数が味噌煮を上回るようになった。まず、水煮の品目数をみると、2010年には3品目と少なかったが、その後増加し2017年が13品目、2018年が18品目のピークになり、また、2020年には2017年と同様に13品目であった。次に、味噌煮の品目数をみると、2010年が5品目であり、2013～2020年には8～11品目で推移した。また、味付けの品目数は、2010～2015年には1～2品目であり、2016～2020年には3～4品目に増加した。

表 4-1　水産缶詰（マグロ・カツオ以外）の販売金額上位 50 品目における調理形態別サバ缶の販売金額順位の推移

販売金額の多い品目の順位	2010 年	2011	2012	2013	2014	2015	2016	2017	2018	2019	2020
	12 月	12	12	12	12	12	12	12	12	12	12
1								味噌煮	水煮	水煮	水煮
2								水煮	水煮		味噌煮
3		味噌煮	味噌煮	味噌煮		味噌煮	味噌煮		味噌煮	味噌煮	水煮
4	味噌煮			水煮				味噌煮		水煮	
5		水煮			味噌煮			水煮	味噌煮	味噌煮	味噌煮
6						水煮		味噌煮		水煮	水煮
7				水煮	水煮	水煮		水煮	水煮		味噌煮
8		水煮			水煮	水煮	水煮	水煮		味噌煮	味噌煮
9	水煮		水煮				水煮		味噌煮	味噌煮	水煮
10	水煮		水煮			味噌煮		味噌煮	水煮	水煮	
11						味噌煮	味噌煮		味噌煮	水煮	
12							味噌煮		水煮		水煮
13				味噌煮			水煮		水煮	水煮	水煮
14			味噌煮			味噌煮		味噌煮	水煮		
15	味噌煮					水煮		水煮		水煮	
16		味噌煮									
17				水煮						味付	
18				水煮	水煮			水煮	味付		
19					水煮	水煮	味噌煮	水煮	水煮	水煮	
20			味付	味付				味噌煮	水煮	水煮	
21		味付		味噌煮	味噌煮		水煮		水煮	水煮	水煮
22	味付				味噌煮	味噌煮		煮付	味噌煮		
23			味噌煮		水煮	水煮			味噌煮		味噌煮
24					味付			味噌煮		味噌煮	水煮
25									水煮	水煮	水煮
26				水煮		味付		水煮	水煮		水煮
27										味噌煮	味付
28			水煮	水煮	味噌煮	味噌煮	水煮	味噌煮		味噌煮	
29				水煮	味噌煮				味噌煮		味噌煮

販売金額の多い品目の順位	2010年	2011	2012	2013	2014	2015	2016	2017	2018	2019	2020
	12月	12	12	12	12	12	12	12	12	12	12
30		味噌煮		味噌煮	味噌煮			味噌煮	味噌煮	水煮	
31					水煮			味付	水煮		水煮
32					味噌煮			水煮			
33	味噌煮	味噌煮	味噌煮	味噌煮	水煮		味噌煮		水煮		水煮
34				水煮			味噌煮				
35						水煮	味付	オリーブオイル漬	水煮		
36					水煮			味付	水煮	味付	
37		味噌煮			味噌煮		味付	水煮	味噌煮		
38					味噌煮	味付			味付		味噌煮
39						味噌煮					水煮
40		味噌煮		味噌煮	水煮		味噌煮	水煮		味付	味噌煮
41					水煮			味噌煮		味噌煮	味付
42		水煮		水煮				味噌煮			
43		水煮	味噌煮	味噌煮	味付		味付				
44	水煮		味噌煮		味噌煮		水煮	味付	水煮	水煮	味付
45	味噌煮		水煮					水煮			
46									味噌煮	味噌煮	味噌煮
47			水煮			味噌煮	味噌煮		味付		味噌煮
48				味噌煮	味噌煮			水煮	味噌煮		
49					水煮						味付
50	味噌煮					味噌煮				水煮	
サバ缶の合計品目数	9	11	12	18	24	18	17	29	31	26	27
調理形態別内訳 水煮	3	4	5	9	11	7	6	13	17	14	13
調理形態別内訳 味噌煮	5	6	6	8	11	9	8	11	11	9	10
調理形態別内訳 味付	1	1	1	1	2	2	3	4	3	3	4
調理形態別内訳 その他	0	0	0	0	0	0	0	1	0	0	0

資料：全国販売POSデータ（KSP-POS、缶詰時報）

4．サバ缶の調理形態別地区別ランキングの状況

株式会社「KSP-SP」が作成した年報には、水産缶詰（マグロ・カツオ以外）の販売金額上位100品目ごとに、地区別ランキングが掲載されている。地区別ランキングは、全国を北海道、東北、北関東、首都圏、北陸、東海、近畿、中国、四国、九州の10地区に区分している。表4-2に、「水産缶詰（マグロ・カツオ以外）の販売金額上位100品目におけるサバ缶の調理形態別地区別ランキング（2019年）」を示した。なお、ランキングの対象となる品目は、全国10地区のうち8地区以上で販売されているものとし、販売される地区が7地区以下の品目を除いた。

2019年の年報では、100品目中サバ缶が42品目を占めた。その内訳をみると、水煮が18品目（うち、50位以内が13品目）で一番多く、次いで、味噌煮が13品目（うち、50位以内が11品目）、味付けが11品目（うち、50位以内が3品目）であった。

調理形態別地区別のランキング（単純平均順位）をみると、水煮は東北が1位、首都圏が2位、北関東が3位であり、東日本での消費が多い。味噌煮は九州が1位、北陸が2位、東北が3位であり、全国的に消費されていた。また、味付けは四国が1位、中国が2位、九州が3位であり、西日本での消費が多い。

5．小売店舗におけるサバ缶の販売状況

表4-3に、「神奈川県横浜市H駅周辺における小売店舗タイプ別サバ缶の販売状況」を示した。H駅周辺の小売店舗（12店舗）が販売した調理形態別サバ缶の合計（延べ品目数）をみると、水煮（61）、味噌煮（49）、味付け（21）、その他（20）、油漬け（11）の順に多かった。「その他」は、トマト漬け、梅じそ、柚コショウ、レモンバジル味、アクアパッツァ風、パプリカチリ味、ブラックペッパーなどがあった。

サバ缶の品目数は、東急ストア（29）、オリンピック（27）、ザ・ガーデンズ自由が丘（24）、イオン（24）の順に多かった。また、輸入品目数は、イオン（7）、キャンドゥ（7）、東急ストア（4）の順に多かった。小売店舗タイプ別の

表 4-2　水産缶詰（マグロ・カツオ以外）の販売金額上位 100 品目におけるサバ缶の調理形態別地区別ランキング（2019 年）

調理形態	順位	地区別ランキング									
		北海道	東北	北関東	首都圏	北陸	東海	近畿	中国	四国	九州
水煮	1	8	1	4	1	1	5	10	7	6	9
	2	1	2	8	3	9	6	7	10	4	5
	4	3	2	3	7	3	1	6	9	8	10
	9	5	8	10	9	4	2	7	1	3	6
	10	7	5	8	1	2	3	5	9	10	4
	11	2	3	1	3	5	9	10	6	8	7
	13	7	5	4	10	7	2	6	3	1	9
	15	9	7	3	1	4	2	5	9	6	8
	17	10	3	2	4	4	7	1	8	9	6
	18	10	2	1	3	7	8	9	6	4	5
	19	9	4	9	8	2	5	1	2	7	6
	29	8	9	4	1	3	10	5	6	2	7
	41	10	3	2	9	7	8	4	6	1	5
	52	3	1	2	4	8	9	9	7	4	6
	55	4	2	10	6	1	3	9	8	7	5
	60	8	3	1	2	7	10	6	5	9	4
	61	1	3	5	4	7	2	10	9	6	8
	63	2	8	7	1	9	5	6	3	10	4
	単純平均順位	7	1	3	2	4	5	10	8	6	8
味噌煮	3	1	4	9	4	10	8	7	6	3	2
	6	9	1	2	2	7	4	10	7	5	5
	7	3	4	5	9	1	2	8	7	6	10
	8	5	8	9	1	2	4	5	7	10	3
	20	6	8	9	10	5	3	7	1	2	4
	22	9	5	9	8	4	6	1	1	7	3
	28	8	10	3	9	5	2	6	4	1	7
	33	10	3	2	9	5	7	4	8	6	1
	44	10	3	1	2	4	8	9	6	7	5
	46	8	9	5	1	3	10	4	6	2	7
	48	7	6	5	9	1	4	3	8	10	1
	95	1	2	8	9	6	3	10	7	4	5
	97	7	3	2	1	8	10	6	4	9	5
	単純平均順位	10	3	4	8	2	5	9	6	6	1
味付け	21	2	8	10	9	7	6	3	5	4	1
	34	1	10	8	9	1	1	6	5	4	7
	35	9	6	9	8	3	7	1	2	5	3
	38	1	7	2	8	3	9	10	4	5	6
	51	7	10	9	8	5	4	6	1	2	3
	53	8	10	7	9	5	2	4	3	1	6
	57	4	1	3	5	8	9	10	7	2	6
	79	8	9	5	10	6	7	4	2	1	3
	81	8	7	9	2	3	10	4	5	1	6
	84	1	7	5	10	6	8	9	2	3	4
	89	7	9	8	6	4	1	2	3	10	5
	単純平均順位	5	9	8	9	4	7	6	2	1	3

資料：日刊水産経済新聞（2020 年 2 月 4 日）（出典：KSP-POS）

表 4-3　神奈川県横浜市 H 駅周辺における小売店舗タイプ別サバ缶の販売状況

小売店舗のタイプ	小売店舗の名称	サバ缶の調理形態別品目数						うち、国内産の品目数	うち、輸入した品目数	うち、大量販売の有無
		水煮	味噌煮	味付け	油漬け	その他	計			
デパート	ザ・ガーデンズ自由が丘	11	8	1	2	2	24	23	油漬け 1（タイ）	無
スーパーマーケット	イオン	8	7	6		3	24	17	7：水煮 1（タイ）、味噌煮 2（タイ）、味付け 2（タイ）、その他 2（タイ）	有
	コープ	8	5	1	2		16	15	油漬け 1（デンマーク）	無
	東急ストア	11	8	3	2	5	29	25	4：水煮 1（タイ）、味噌煮 1（タイ）、煮付け 2（タイ）	無
ディスカウントストア	オーケー	6	6	4		1	17	14	3：水煮 2（タイ）、味噌煮 1（タイ）	有
	オリンピック	8	6	3	3	7	27	27		無
コンビニエンスストア	セブンイレブン	2	2	1	1		6	6		無
	ファミリーマート	2	2		1		5	5		無
	ローソン	2	2	1			5	2	3：水煮 1（タイ）、味噌煮 1（タイ）、味付け 1（タイ）	無
百円ショップ	キャンドゥ	3	3	1			7		7：水煮 3（タイ 1、フィリピン 1、中国 1）、味噌煮 3（タイ 1、フィリピン 1、中国 1）、味付け 1（中国）	無
	シルク	0				2	2		その他 2（タイ）	無
	ダイソー	0								無
合計（述べ品目数）		61	49	21	11	20	162	134	28	

注：2020 年 8 月 30 日に販売状況調査を実施

水産缶詰の配置状況は、デパートやスーパーマーケットでは 1 品目の売り場面積が狭くぎっしりと置かれ、ディスカウントストアでは 1 つの品目が広い面積を占有し、コンビニエンスストアや百円ショップでは缶詰がまばらに配置されるところが多かった。

コラム 5：10 月 10 日は「缶詰の日」

日本人による缶詰製造は、長崎県勧業課の松田雅典がフランス人技師レオン・デュリーから缶詰の製法を学び、1871（明治 4）年にイワシ油漬け缶を試作したのが始まり。1879（明治 12）年には長崎県庁内に缶詰試験場が建設された。また、1875（明治 8）年にはアメリカで技術を学んだ柳沢佐吉が、内務省勧農局の内藤新宿出張所で果物缶詰を試作した。

北海道開拓使は、1877（明治 10）年 10 月 10 日、札幌市の北、石狩町に我が国で初めて缶詰工場を設置し、米国から招いた技術者の指導の下、石狩川でとれるシロザケを原料に缶詰の製造を開始した。これによって、我が国における缶詰産業発展の礎が築かれた。このような歴史の記録をもとに、1987（昭和 62）年に、10 月 10 日が「缶詰の日」に制定された。

第 5 章　サバ缶ブームによる新しい変化

2009 年頃に小さな缶詰ブームが起きたことが、その後のサバ缶ブームの展開につながった。そして、これらのブームを通して、サバ缶の魅力が情報発信され、サバ缶の品質や販売環境、食べ方の幅が広がり、サバ缶に関する新しい変化がみられるようになった。サバ缶ブームによってどのような新しい変化がみられたのか、以下に 7 つの事例を紹介する。

1．サバ類産地価格の高騰

缶詰原料に使用されるサバ類は、太平洋北部海域（青森県沖～千葉県沖）では、主に大中型まき網漁船により漁獲され、その他定置網などでも漁獲されている。サバ漁場の形成状況は、海流や海況の変化など要因がさまざまであるが、ここ数年漁場の水温が上昇し、まき網操業は漁期の遅れや短期間化の傾向にある。サバ缶ブームでサバ需要が急増した 2018 年秋冬においては、漁期の遅れや頻発する時化、自主規制を含む資源管理の厳守により、例年に比べてサバ類水揚量が少なく、缶詰向け生鮮サバの産地価格が高騰した。産地価格の高騰に伴い、製造されたサバ缶の販売価格も大幅に値上げせざるを得なくなった。大手水産会社のサバ缶の販売価格は、これまで、数年に一度しか値上げが行われなかったが、2018 年度には 2018 年 10 月と 2019 年 3 月の 2 度の値上げを余儀なくされた。

太平洋北部海域に面した主要漁港における加工業者の受け入れ能力は、東日本大震災により大きく変化し、いまだ十分な回復がみられない状況にある。これが、まき網漁船の水揚量を増大できない要因の 1 つのようだ。また、近年のサバ漁期における時化休漁の増加も、水揚量を抑制する一因。そうはいっても、漁業と水産加工業は車の両輪である。最近のサバ需要の増加と操業日数が少ない状況を鑑みると、まき網漁船は、受け入れ能力を超える漁獲を抑制しつつも、操業可能日にはできるだけ出漁するような操業体制が望まれる。

図5-1に、「千葉県銚子漁港におけるサバ類の年間水揚量と産地価格（11月）の推移」を示した。銚子漁港では、最近11月頃からサバ類の水揚げが本格化し、その年のサバ類の産地価格の相場が形成される。このため、図5-1では、毎年11月の銚子漁港におけるサバ類の産地価格を示した。サバ類の産地価格（円/kg）は、2015年を基準年として消費者物価指数で補正。銚子漁港におけるサバ類の産地価格は、2000年代前半には40～80円であったが、2007年以降100円台の年が増えた。そして、サバ缶ブーム真只中の2018年には、産地価格が165円のピークになった。

2．サバ水煮缶の品目数と自社ブランド数が増加

サバ缶の調理形態別国内消費量は、サバ缶ブーム以前には味噌煮の方が水煮よりも多かったが、サバ缶ブーム以降水煮が味噌煮を上回った。水煮は、料理の素材として、下処理された生サバと同様に扱うことができるため、アレンジを加えた多種多様なレシピが開発され、品目数が増加した。水煮は、本来、原材料が「サバ、食塩」のみのシンプルなものであるが、サバ缶ブームによっ

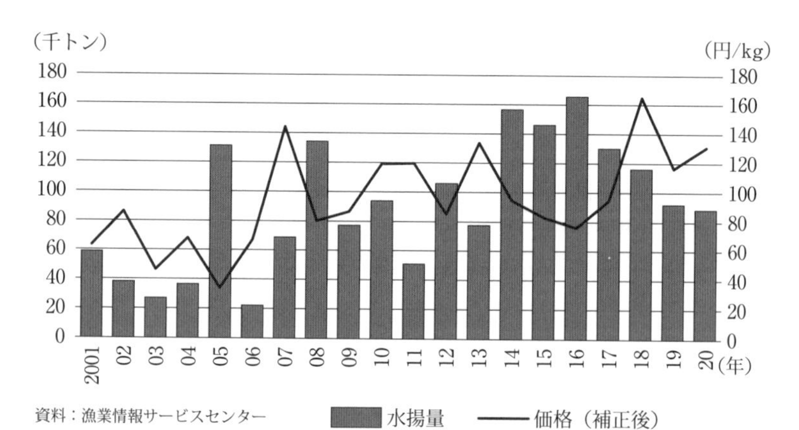

図5-1　千葉県銚子漁港におけるサバ類の年間水揚量と産地価格（11月）の推移

て、減塩の他、酢、ショウガ、魚醤、レモン果汁などを微量に加えたバリエーションのあるものが増加した。

「サバ子さん」という名の匿名の素人の方が、2020年5月からサバ水煮缶のレビューを始め、同年8月にレビューした水煮缶が100品目を超えた（サバ子@sabasaba_mizuni・2020/05/05）。サバ子さん自身が水煮缶を購入して、レビューした内容をツィートしたもの。サバ子さんが購入した水煮は、バリエーションのある水煮も含んでいる。ツィートされた内容をみると、すべての缶詰に、①生産国、②原料の産地、③缶詰の生産地、④缶詰100g当たり価格（缶詰の内容重量と参考価格から算出）などが丁寧に記載されている。また、缶詰の身肉のサイズ、スープの濁り、上澄み脂、はぐれ身、スープの味、塩味、参考価格などから、それぞれのサバ缶を自己評価、採点して「総合点」をつけておられる。サバ子さんが採点した「総合点」は、価格と品質、味等を考慮した個人的な評価であるが、一定の客観性を有しているようだ。

そこで、著者は、サバ子さんのツイッターのデータから、表5-1に、「国内で販売されるサバ水煮缶100品目の内訳」を作成した。この表により、まず、水煮缶詰の生産国をみると、国産品が76品目、輸入品が24品目であった。次に原料の産地は、国産サバが88品目、北欧産サバが9品目、中国産サバが2品目、韓国産サバが1品目であった。缶詰の生産地は、国産品では青森県、宮城県、岩手県、千葉県、茨城県、福井県の順に多かった。また、輸入品ではタイ産が15品目で圧倒的に多く、次いでベトナム、中国、フィリピンがそれぞれ2品目であった。

缶詰内容重量100g当たりの価格は、内容重量と参考価格から算出した。価格帯別にみると、100円未満が29品目、100円以上200円未満が47品目、200円以上300円未満が18品目、300円以上が6品目であった。このうち、価格帯が最も高い500円台は、青森県産（八戸前沖サバ）と宮城県産（金華サバ）の地域ブランド力を有する2品目であった。また、輸入サバ缶の価格帯は、100円未満では29品目のうち18品目、100円以上200円未満では47品目のうち6品目を占めた。

国産サバ缶（76品目）を対象に、自社ブラント（30品目）と委託生産（46品

表 5-1　国内で販売されるサバ水煮缶 100 品目の内訳

<table>
<tr><th>項目</th><th>国産と輸入</th><th>原料の産地</th><th>缶詰の生産地</th><th>缶詰 100g
当たり価格</th><th>自社ブランド
又は OEM
（国産が対象）</th></tr>
<tr><td rowspan="6">品目の内訳</td><td rowspan="4">国産
（76 品目）</td><td rowspan="4">国産
（88 品目）</td><td rowspan="4">北海道（1）、青森（19）
岩手（11）、宮城（16）
茨城（8）、千葉（9）
静岡（1）、福井（7）
島根（1）、長崎（3）</td><td>300 円以上
（6 品目）</td><td>大手水産会社
の自社ブラン
ド（10 品目）</td></tr>
<tr><td>200 円以上
300 円未満
（18 品目）</td><td rowspan="2">中堅・小規模
缶詰会社の
自社ブランド
（20 品目）</td></tr>
<tr><td rowspan="2">100 円以上
200 円未満
（47 品目）</td></tr>
<tr><td>委託生産
（46 品目）</td></tr>
<tr><td rowspan="2">輸入
（24 品目）</td><td>北欧産
（9 品目）</td><td rowspan="2">タイ（15）、ベトナム（2）、中国（2）
フィリピン（2）、マレーシア（1）
韓国（1）、デンマーク（1）</td><td rowspan="2">100 円未満
（29 品目）</td><td rowspan="2">輸入
（対象外）</td></tr>
<tr><td>中国（2 品目）
韓国（1 品目）</td></tr>
<tr><td>合計</td><td>100 品目</td><td>100 品目</td><td>100 品目</td><td>100 品目</td><td>76 品目</td></tr>
</table>

資料：サバ子さんのツィッター

目）の内容をみた。自社ブランド 30 品目の内訳をみると、大手水産会社が 10 品目であり、中堅・小規模缶詰会社が 20 品目であった。サバ水煮缶は他の水産缶詰に比べて、中堅・小規模缶詰会社による自社ブランドの品目数が多いようだ。委託生産は、OEM（Original Equipment Manufacturer）ともいわれ、中堅・小規模缶詰会社が、大手企業などの「他社ブランド」の缶詰を委託されて生産することである。缶詰製造を依頼する立場にある「他社ブランド」会社は、大手水産会社、大手缶詰会社、商社、問屋、スーパーマーケット、デパート、生活協同組合などである。中堅・小規模缶詰会社は、2000 年代までは、他社ブランドを委託生産することが多かった。しかし、サバ缶ブームにより、サバ缶に対するニーズが多様化、かつ需要量が増加したことから、中堅・小規模缶詰会社は、大手企業ブランドによる販売力がなくても、独自性のあるサバ缶を生産して自らが販売できる環境になった。

また、著者は、「販売する会社」と「使用する原料サバ」により、サバ水煮缶を 6 つに類型化した。6 つの類型ごとの平均総合点をみると、①大手水産会社（マルハニチロ（株）、日本水産（株）、（株）極洋、（株）宝幸）が販売した国産缶詰（日本産サバ使用）は、81点（19品目）、②中堅・小規模缶詰会社が販売や委託生産（大手水産会社分を除く）した国産缶詰（日本産サバ使用）は、78点（50品目）、③日本の水産会社が輸入した缶詰（日本産サバ使用）は、48点（7品目）、④輸入商社が輸入した缶詰（日本産サバ使用）は、43点（13品目）、⑤北欧サバを使用した輸入缶詰は、69点（8品目）、⑥中国・韓国産サバを使用した輸入缶詰は、32点（3品目）であった。

同じ日本産サバを使用した国産缶詰（①の81点と②の78点）と輸入缶詰（③の48点と④の43点）では、総合点の格差がかなり大きい。

コラム6：水産高校のサバ缶製造

水産高校は、2019年3月現在全国で46校を数え、このうち、食品系の学科とコースを有する水産高校が34校である。34校の食品系の名称をみると、最も名称が多い「水産食品科」でもわずか5校、2番目に多い「食品コース」が4校と少なく、名称が多様化している。フードビジネス（宮城県立水産高校）、アクアフード（三重県立水産高校）、シーフード（兵庫県立香住高校）、マリンフード（山口県立大津緑洋高校（水産校舎））、フードクリエイト（沖縄県立宮古総合実業高校）など、カタカナの名称がそれぞれ1校ずつある。水産食品に対するニーズの多様化、水産食品の種類や料理方法が増加したことが、水産高校の食品系の名称にも反映しているようだ。

令和元年度水産白書では、特集「水産業に関する人材育成〜人材育成を通じた水産業の発展に向けて〜」の中で、「水産教育による人材育成」（計38ページ）が取り上げられ、このうち、「水産高校における水産教育」が全体の半分以上を占めた。以下に、同白書に掲載された水産高校の取組事例の中から、2つのサバ缶の話題を紹介する。

①サバ水煮缶のブランド化（青森県立八戸水産高校）

八戸水産高校は、2017年度から八戸市農林水産部水産事務所と連携して、八戸市第三魚市場A棟で水揚げされたサバのPR活動に取り組んでいる。八戸に水揚げされたサバは、日本最北端の冷涼な漁場で漁獲され脂が乗っており、「八戸前沖さば」としてブランド化。八戸水産高校水産食品科は、2018年度に八戸前沖さばブランド推進協議会事務局より許可を得て、八戸前沖さばを表示した「Premiumさば水煮缶詰」を製造・販売している。

②サバ缶がJAXA認証の宇宙食に（福井県立若狭高校）

若狭高校における宇宙食開発は、2006年に旧小浜水産高校が食品製造のHACCP（危害分析重要管理点）を取得したことがきっかけ。「鯖街道で知られる小浜のサバ発信にもつなげたい」という生徒の発案でスタート。若狭高校に統合された後も、海洋科学科が研究を引き継き、12年がかりで宇宙航空研究開発機構（JAXA）の宇宙日本食に選ばれた。今後、国際宇宙ステーション（ISS）に滞在する宇宙飛行士の食事として採用される見込みである。

3．サバ缶の価格帯が拡大

サバ缶は、従来、中高年の男性が直接食べるものというイメージが強かった。しかし、サバ缶ブームによって、サバ缶は美味しいだけでなく、栄養価が高い、ダイエットや生活習慣病に効果があることなどが頻繁に宣伝された。また、サバ缶レシピが多数普及したことから、幅広い年代の女性がサバ缶を購入するようになった。

サバ缶に対する女性の関心が高まると、原料サバの品質に対する要求度が高くなり、サイズの大型化、脂の乗りが良いもの、高鮮度なもの、ブランド力を有するものなどが積極的に使用されるようになった。

また、サバ缶の品質に対する要求が多様化したことに伴い、必然的に品目数が増加し、新しい価格帯のサバ缶が販売されるようになった。販売されるサバ缶は、従来から100円台と200円台の価格帯（内容重量100g当たりの価格）の品目数が最も多いが、サバ缶ブームを通して、上位の価格帯と下位の価格帯の品目数も増えた。即ち、新たに300円台、400円以上の上位価格帯と、輸入サバ缶を含む100円未満の下位価格帯のサバ缶が増加した。

表5-2に、「最近販売されるサバ缶の価格帯別商品」を示し、400円以上、300円台、200円台、100円台、100円未満の5つの価格帯ごとに代表的な商品

表5-2　最近販売されるサバ缶の価格帯別商品

価格帯	商品名	販売・缶詰会社の所在地
400円以上（100g当たり）	料理屋仕立鯖（水煮）割烹金剛厳選極上	青森県八戸市
	オーシャンプリンセス生詰めさば水煮	宮城県気仙沼市
	缶つまシリーズ（サバのヴァン・ブランソース）	東京都中央区
300円台（100g当たり）	ねぎ鯖シリーズ（塩だれ、醤油だれ、味噌だれ）	茨城県神栖市
	鯖の西京漬〜和のおもてなし〜	千葉県銚子市
	ラ・カンティーヌシリーズ（鯖フィレエキストラバージンオイル、鯖フィレEXオイル）	東京都江東区
200円台（100g当たり）	八戸のさば缶水煮	青森県八戸市
	サヴァ缶シリーズ（オリーブオイル漬け、レモンバジル味など）	岩手県釜石市
	スルッとふたSABAシリーズ（水煮、味噌煮、味付け）	東京都港区
100円台（100g当たり）	美味しい鯖シリーズ（水煮、醤油煮、味噌煮）	青森県八戸市
	青森の正直旬の鯖水煮	青森県八戸市
	赤穂の天塩使用さば水煮	岩手県釜石市
	板長シリーズ（味噌煮、大根おろし煮）	千葉県銚子市
	月花シリーズ（サバ水煮、サバ味噌煮）	東京都江東区
	ひと口さばシリーズ（水煮、味噌煮、味付け）（タイ産）	静岡県静岡市
	さばで健康水煮	長崎県佐世保市
100円未満（100g当たり）	サバ水煮缶（タイ産）	東京都千代田区
	魚馳走様さば水煮（ベトナム産）	神奈川県横浜市
	さば水煮（フィリピン産）	東京都港区

資料：インターネット調査、市場調査

を紹介する。なお、100g当たりの価格は、前述した「サバ子さん」がツィートされた缶詰の参考価格や小売店舗の販売価格などから求めた。

まず、400円以上の価格帯について述べる。食品総合商社・国分グループ本社（株）は、2010年から「缶つま」シリーズを発売し、その中で高級サバ缶

「サバのヴァン・ブランソース」を販売した。売上げは伸び続け、自宅で酒を楽しむ「家飲み」ブームが広がり、他社も相次いで高級な缶詰を投入した。また、青森県と宮城県の中堅缶詰会社は、漁獲時期、漁場、脂の乗り、サイズなどが決められた地域ブランドのサバ（「八戸前沖サバ」や「金華サバ」）に限定した高級サバ缶を販売している。

300円台の価格帯では、（株）高木商店の「ねぎ鯖」シリーズを紹介する。「ねぎ鯖」シリーズには、塩だれ、醤油だれ、味噌だれがある。秋から冬にかけて水揚げされた脂が乗った大型マサバだけを原料に使用し、地元農家直送のネギを合わせたもので、ネギの風味が豊かでまろやかな味わいのこだわりのサバ缶である。

200円台の価格帯では、「サヴァ缶」シリーズと「スルッとふたSABA」シリーズの2つを紹介する。まず、「サヴァ缶」シリーズでは、オリーブオイル漬け、レモンバジル味、パプリカチリソース味、アクアパッツァ風、ブラックペッパー味があり、2013年に商品化された。従来のサバ缶にはないデザインであり、鮮やかな色合いに刷新。「サヴァ缶」のラベルのデザインは、フランス語で印字され、「サヴァ？」と発音し、日本語の「お元気？」の意味があり、東日本大震災時に支援をいただいた方々に対する感謝の意が込められている。

また、「スルッとふたSABA」シリーズは、2017年11月に日本水産（株）が発売したものであり、従来の約3分の1の力でシールをはがすように缶を開けることができる。これまで缶詰を開けにくかった女性や高齢者、子供にも開けやすくなり、ふたや切り口で指や手を傷つける心配がなくなった。

100円台の価格帯では、「板長」シリーズと「月花」シリーズの2つを紹介する。まず、田原缶詰（株）の「板長」シリーズでは、さばの大根おろし煮とさば味噌煮がある。さばの大根おろし煮は、良質の脂の乗った寒サバを三枚におろし、たっぷりの大根おろしと醤油ベースの特性タレでじっくりと煮込んだもの。

また、「月花」シリーズは、1950年代後半に誕生したマルハニチロ（株）の代表的なサバ缶。当初は、輸出向け商品が「フラワームーン」の名で海外で販売、その後国内向け商品が「月花」の名で販売。「フラワームーン」と「月花」

を合わせると、半世紀以上にわたるロングセラーである。

100円未満の価格帯では、日本の水産会社や輸入商社が東南アジア各国（タイ、ベトナム、フィリピン、マレーシア）の缶詰会社に日本産の原料サバを送り、日本向けに委託生産したものが多い。100円未満の輸入サバ缶は、小型で脂の乗りが少ない日本産サバを使用する価格訴求型のものである。

4．アジアからの輸入サバ水煮缶品目数が増加

表5-3に、「神奈川県横浜市H駅とY駅周辺における小売店舗タイプ別サバ水煮缶の販売状況」を示した。H駅とY駅周辺において、デパート（2店舗）、スーパーマーケット（5店舗）、ディスカウントストア（3店舗）、コンビニエンスストア（3店舗）、百円ショップ（3店舗）の計16店舗を調査した。

表5-3　神奈川県横浜市H駅とY駅周辺における小売店舗タイプ別サバ水煮缶の販売状況

小売店舗のタイプ	小売店舗の名称	サバ水煮缶詰の品目数	うち、国内産の品目数	うち、アジアから輸入した品目数	うち、大量販売の有無
デパート	ザ・ガーデンズ自由が丘（西武）	6	6		
	ザ・ガーデンズ自由が丘（そごう）	8	7	1（ベトナム産）	
スーパーマーケット	イオン	9	7	2（タイ産、ベトナム産）	1（タイ産）
	コープ	8	7	1（ベトナム産）	1（ベトナム産）
	成城石井	8	8		
	東急ストア	14	12	2（タイ産、タイ産）	
	マルエツ	8	7	1（タイ産）	1（タイ産）
ディスカウントストア	オーケー	6	4	2（ベトナム産、マレーシア産）	1（マレーシア産）
	オリンピック	8	5	3（タイ産、マレーシア産、韓国産）	
	ドンキホーテ	3		3（タイ産、タイ産、タイ産）	
コンビニエンスストア	セブンイレブン	2	2		
	ファミリーマート	4	3	1（フィリピン産）	
	ローソン	2	1	1（タイ産）	
百円ショップ	キャンドゥ	3		3（タイ産、タイ産、中国産）	
	シルク	1		1（中国産）	
	ダイソー	1		1（中国産）	
合計（延べ品目数）		91	69	22	

注：2019年8月17日・18日に販売状況調査を実施

小売店舗タイプ別に販売するサバ水煮缶の品日数をみると、デパート、スーパーマーケットでは品目数が多く、特に東急ストアでは 14 品目が販売されていた。また、コンビニエンスストアと百円ショップでは品目数が少なく、特に 2 つの百円ショップでは、それぞれ 1 品目しか販売されていなかった。

アジアからの輸入サバ水煮缶を販売していない店舗は、デパート、スーパーマーケット、コンビニエンスストアでそれぞれ 1 店舗だけであり、他の 13 店舗ではアジアからの輸入サバ水煮缶を販売していた。この中には、段ボールの上部を開けたまま安い価格で販売する、いわゆる大量販売（おすすめ品、特別提供品）が 3 つのスーパーマーケットと 1 つのディスカウントストアで見られた。また、中国産のサバ水煮缶は、3 つの百円ショップだけで販売されていた。

また、アジアからの輸入サバ水煮缶の合計（延べ品目数）は、タイ産が 11 品目、ベトナム産が 4 品目、中国産が 3 品目、マレーシア産が 2 品目、フィリピン産が 1 品目、韓国産が 1 品目であった。東南アジアからの輸入サバ缶は、いずれもラベルに「日本産サバ使用」と記載されていた。また、中国と韓国からの輸入サバ缶は、それぞれの国で水揚げされたサバが使用されている。

5．輸入量の急増によりサバ缶が供給過剰

サバ缶は 2017 年秋以降国内需要量が増加したため、供給量を増やす必要があった。しかし、国内の缶詰会社だけでは生産能力に限界があり、需要量に見合うだけのサバ缶を供給することができなかった。このため、日本の輸入商社等がサバ缶を輸入するようになった。

サバ缶ブームによって、サバ缶の国内供給量はどのように推移したのであろうか。「国内供給量」は、「国内生産量」と「輸入量」、「輸出量」から求めることができる。しかし、財務省貿易統計には、サバ缶単独の輸入数値がなく、サバ調整品として、サバ缶以外にサバみりん干しなどの加工品を含んだ輸入数値が計上されている。貿易統計からサバ缶だけの輸入量は把握できないが、東南アジア各国から輸入されるサバ調整品に占めるサバ缶の比率は高いことが知られている。東南アジア各国は、日本から輸入した冷凍サバ類の多くを缶詰原料として利用しており、日本が東南アジアから輸入するサバ缶は、すべて日本産

サバ使用と表示されている。実際、東南アジア各国からのサバ調製品輸入量は、2016年と2017年には相対的に少なく増減幅も小さかったが、サバ缶の輸入量が増加した2018年以降、大幅に増加した。また、日本国内の小売店舗で販売される輸入サバ缶は、タイ、ベトナム、フィリピン、マレーシアの4か国で生産されたものが多い。

そこで表5-4に、「サバ缶国内供給量（推計）の推移」を示した。「サバ缶国内供給量（推計）」は、「（サバ缶の国内生産量）＋（東南アジア関係4か国からのサバ調整品輸入量）－（サバ缶の輸出量）」から求めた。なお、日本は中国と韓国からもサバ缶を輸入しているが、これら2か国は日本産サバを缶詰原料として使用していないことと、輸入量が少ないため、表5-4から除いた。また、同表には、家計調査年報における魚介缶詰の1世帯当たり支出金額（年間合計）も加えた。

同表によると、「サバ缶の国内生産量」と「サバ缶の輸出量」はあまり変化していない。一方、「東南アジア関係4か国からのサバ調整品の輸入量」は、2016年と2017年の平均が9千トンと少なかったが、2018年が15千トン、2019年には33千トンに急増した。その結果、「サバ缶の国内供給量（推計）」は、2016年と2017年の平均が44千トン、2018年が62千トン、2019年が76

表5-4　サバ缶国内供給量（推計）の推移

	サバ缶の国内生産量（A）（千トン）	東南アジア関係4か国からのサバ調整品の輸入量（B）（千トン）	サバ缶の輸出量(C)（千トン）	サバ缶の国内供給量（推計）（A）＋（B）－（C）（千トン）	2016年と2017年の平均国内供給量が基準(％)	家計調査年報における魚介缶詰の1世帯あたり支出金額（年間合計）(円)	2016年と2017年の平均支出金額が基準（％）
2016年と2017年の平均	38	9	3	44	100	2,539	100
2018年	49	15	2	62	141	2,891	114
2019年	45	33	2	76	173	3,014	119
2020年	―	17	2	―	―	3,140	124

資料：缶詰時報、財務省貿易統計、日刊缶詰情報
注：サバ調整品のコード番号は、1604.15-000

千トンとなった。

2016年と2017年の平均国内供給量（推計）を100％とすると、2018年が141％、2019年が173％に増加した。一方、家計調査年報における魚介缶詰の1世帯当たり支出金額（年間合計）は、2016年と2017年の平均支出金額を100％とすると、2018年が114％、2019年が119％であり、平均国内供給量（推計）に比べて増加率が小さい。特に2019年には、支出金額の増加（119%）に比べて、国内供給量（推計）の増加（173%）があまりにも多いことから、サバ缶が過剰に輸入されて売れ残ったことが推測される。

なお、東南アジア関係4か国のサバ調整品輸入量合計に占める国別比率をみると、タイは、2018年が62％、2019年が62％と高かったが、2020年には21％に下がった。一方、ベトナムは、2018年が36％、2019年が29％と低かったが、2020年には67％に増加した。

6．サバ缶ブームが落ち着くと上位50品目における輸入サバ缶の品目数が減少

日本国内の小売店舗における輸入サバ缶の販売状況はどうなっているのか。図5-2に、「水産缶詰（マグロ・カツオ以外）の販売金額上位50品目におけるサバ缶合計に占める輸入サバ缶の比率の推移」を示した。輸入サバ缶の品目数は、2017年1月～2018年4月までは2品目以下で推移し、2018年5月以降増加に転じ、2019年1月～2019年10月には8～13品目に増加した。しかし、サバ缶ブームが落ち着いたことにより、輸入サバ缶の品目数が2020年10月以降再び2品目以下で推移した。サバ缶合計品目数に占める輸入サバ缶の比率は、2017年12月には3％であったが、その後上昇し2019年5月が36％のピークであった。しかし、2020年10月以降減少し、2020年11月・12月には4％に低下した。

東南アジアからの輸入サバ缶は、国産サバ缶との価格差利益を求めた価格訴求型缶詰である。東南アジアで缶詰用に使用される日本産サバは、小型サイズで脂の乗りが少なく、日本国内で使用される日本産サバに比べて品質の劣るものが多い。このため、輸入サバ缶を食した消費者から、サバ缶とはこんなものか、パサパサした味でそれほど美味しいものではないとの評価が広がり、これ

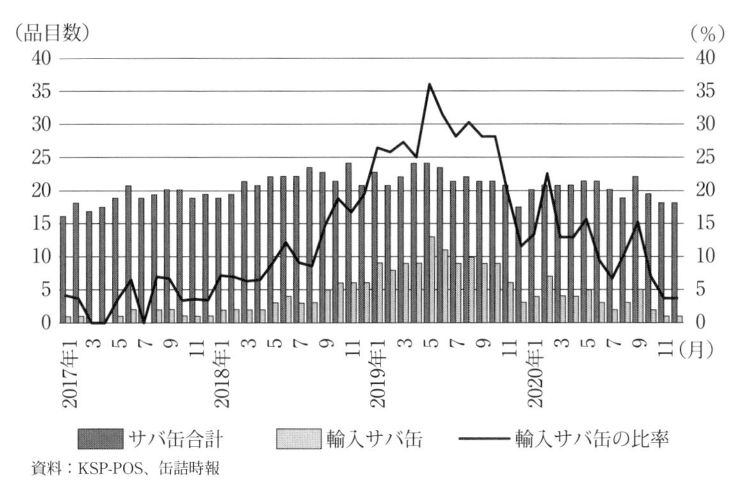

資料：KSP-POS、缶詰時報

図5-2　水産缶詰（マグロ・カツオ以外）の販売金額上位50品目における
サバ缶合計に占める輸入サバ缶の比率の推移

が作用して、サバ缶ブームの風を弱めた面があると思われる。消費者は安い価格のものを購入しても、それが不味かったら二度とサバ缶を購入しなくなる可能性が高い。このようなことから、国内の消費者は、サバ缶ブーム中には輸入サバ缶を頻繁に購入していたが、サバ缶ブームが落ち着くと、サバ缶ブーム前のレベルに輸入サバ缶の購入が低下した。

コラム7：冷凍サバ類の海外輸出

我が国は、1990年代には0.2万～4.8万トンのサバ類（マサバとゴマサバ）を冷凍輸出したが、輸出量は漁獲量の増減により大きく変動する。ゴマサバよりも資源量が多いマサバ資源は、2003年頃から回復の兆しが見え始めたが、若齢魚が中心でサイズ組成が小さいことから、国内の食用加工原料に仕向けにくかった。このため、サバ類の輸出量が2004年から急速に拡大、2005年には5万トンを超え、2006～2015年が10万トン台、2016～2018年には20万トン台に増加したが、2019年と2020年には再び10万トン台に減少した。

輸出相手国は、1990～2002年には中国、台湾、韓国、北朝鮮など極東アジアが主体であったが、2003～2006年には東南アジア諸国（タイ、ベトナム、フィリピン、マレーシアなど）が加わった。また、2007年以降、アフリカ諸国（エジプト、ナイジェリア、ガーナなど）への輸出が増加。

最近は、東南アジアとアフリカへの輸出量が多い。サバ類の用途は、東南アジアではその多くが缶詰原料として利用されている。一方、アフリカでは、サバを燻製にして保存食とする習慣があり、食用として直接利用されている。アフリカへのサバ輸出は、従来、ノルウェー産が多かったが、ノルウェーが大型サバを高値で売る戦略を強化したため、日本の小型サバの引き合いが強まった。このため、我が国のサバ類全体輸出量に占めるアフリカ諸国の比率は、2000年にはわずか8％であったが、2017年には64％（14.7万トン）に増加。しかし、アフリカへのサバ類輸出は、大西洋のサバ・ニシン・アジ・イワシやロシア産サバなどと競合しており、日本産サバ類の輸出価格が上昇すると輸出しにくくなる。

実際、2019年以降、サバ缶ブームにより日本産サバ類の輸出価格が上昇したため、アフリカの買いが鈍り、日本産サバのアフリカへの輸出量が減少したことから、アフリカ諸国の比率は、2019年が47％（8.0万トン）、2020年には36％（6.1万トン）に下がった。

7．機能性表示制度によるサバ缶が登場

近年の規制緩和の大きな流れの一環で、2015年4月に機能性表示制度がスタートした。保健機能食品に関しては、特定保健用食品と栄養機能食品が、いわゆる健康食品と区別されてきた。いわゆる健康食品は、機能性については何も表示ができないため、以前から、健康食品の業界では、規制緩和の要望があった。機能性表示食品とは、企業の責任において、科学的根拠に基づいた機能性を表示した食品のこと。この制度を活用すれば、あくまでも企業側の責任ではあるものの、届け出た機能性を表示して販売することが可能になった。

2015年10月に、大手水産会社の「サバ水煮缶」が缶詰では初めて機能性表示食品として、消費者庁に届け出を行い受理された。機能性表示食品のサバ缶には、「本品にはDHA・EPAが含まれている。DHA・EPAには中性脂肪を

低下させる機能があることが報告されている」などと記載されている。機能性表示食品の価格帯は、100g 当たり 100 ～ 200 円であり、お手頃価格である。大衆魚であるサバの缶詰で機能性表示を行うことは、缶詰の利点である保存性に加え、健康のためにサバを食べるという動機付けにもつながる。

第6章　青魚缶詰全体とサンマ缶・イワシ缶の動向

第1節　青魚缶詰全体の生産動向

1．全国における青魚缶詰の魚種連携

青魚缶詰は、戦前にはほとんどイワシ缶しか生産されなかった。しかし、戦後になると、イワシ缶の他に、アジ缶、サンマ缶、サバ缶も生産されるようになった。サバ類、マイワシ、サンマ、マアジは、背が青いので青魚（あおざかな）と総称され、資源が大きく変動する特徴を有している。特に、マサバ、マイワシ、サンマは、いずれも北太平洋を共通の生息海域としていることから、ある魚種の資源が減少すると別の魚種の資源が増加する「魚種交代」という現象がみられる。このため、青魚缶詰全体の供給は、これまで比較的円滑に行われてきた。

図6-1に、「青魚缶詰の魚種別国内生産量の推移」を示した。戦後の青魚缶

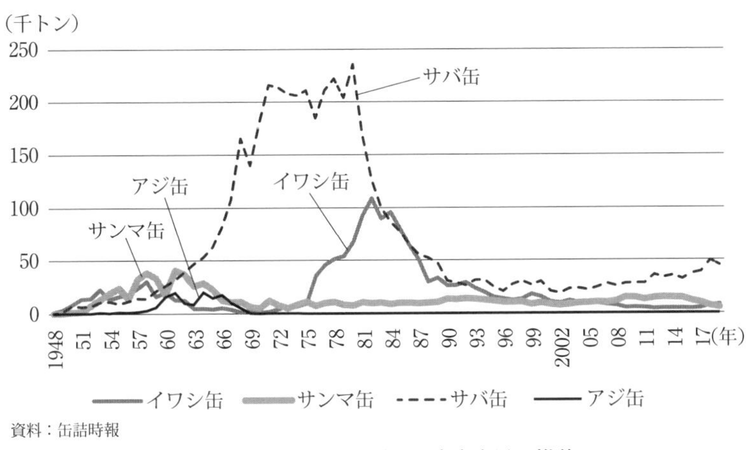

図6-1　青魚缶詰の魚種別国内生産量の推移

詰の生産は、長崎県のイワシ缶から始まった。長崎県では、1947 ～ 1953 年にマイワシが大量に漁獲され、イワシトマト漬け缶が輸出向けに大量生産された。1954 年からマイワシが不漁になると、長崎県ではマアジが漁獲された。当時のマアジは価格が高いため、缶詰の生産がほとんど行われなかった。ところが、長崎市の缶詰会社が、イワシトマト漬け缶の代替品として、アジトマト漬け缶を初めて生産して輸出を試みた。そして、フィリピンなどで好評を博して輸出が本格化したため、アジ缶の生産量が増加した。

また、鳥取県境港市では、1952 年頃からイワシトマト漬け缶を生産したが、1962 年頃からマイワシの水揚げが減り始めた。それに先立つ 1959 年頃からマアジの水揚げが増えたため、境港市の缶詰会社はイワシ缶からアジ缶に転換した。1963 年・1964 年からマアジの水揚げが減り始めたが、同じ頃、サバ類が全国で大量に漁獲されたため、境港市の缶詰会社も、アジ缶からサバ缶に転換した。

一方、千葉県銚子市では、1946 年に太平洋沿岸のマイワシ漁獲量が減少すると、1949 年イワシ缶の代替として、サンマ缶を試験的に輸出し好評を博した。このため、1952 年からサンマ缶を大量に輸出した。

全国の青魚缶詰生産は、1958 年までイワシ缶とサンマ缶が主体であったが、1961 年にイワシ缶が減ると、サンマ缶の生産量が一番多くなり、アジ缶とサバ缶も増加した。その後、1965 年にサンマ缶、1967 年にアジ缶の生産量が減少すると、代わってサバ缶の輸出向け生産量が増加した。

次に、図 6-2 に、「青魚缶詰の魚種別国内生産量比率の推移」を示した。魚種別国内生産量比率（以下、「生産量比率」）とは、青魚缶詰全体に占める魚種別国内生産量の比率である。以下に、1950 年代から 2010 年代までの時系列的変化を述べる。

1950 年・1951 年頃からイワシ缶の輸出量が多くなり、1953 年までは青魚缶詰の中でイワシ缶の生産量比率が一番高かった。しかし、イワシ缶が不足すると、その代替として 1952 年からサンマ缶の輸出が始まり、1954 ～ 1959 年にはサンマ缶の比率が一番高い年が多くなった。1958 年まではイワシ缶とサンマ缶の比率がサバ缶やアジ缶よりも高かったが、1959 年以降イワシ缶の比率

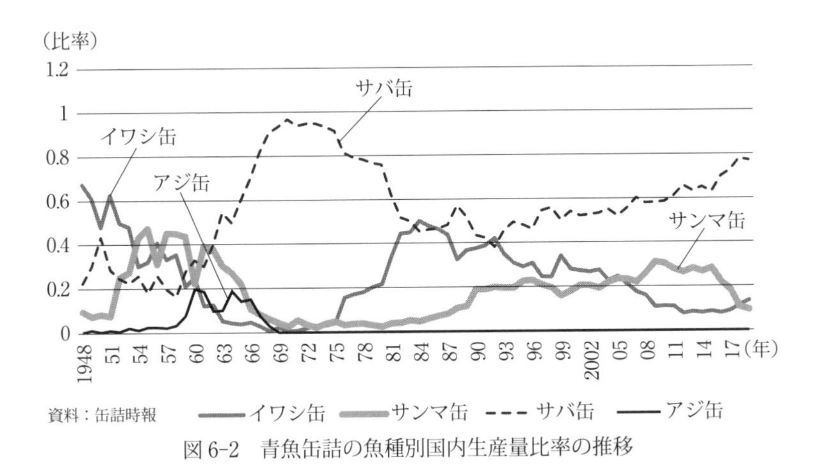

図6-2　青魚缶詰の魚種別国内生産量比率の推移

が低下し、サバ缶の比率が高くなった。

1960年になると、アジ缶はイワシ缶、サンマ缶の不振をぬって、生産量が初めて1万トンを超えたが、1967年以降激減した。アジ缶は、1968年には山陰地区（鳥取県、島根県）のみで生産されたが、マアジ漁獲量の減少により原料価格が高騰し、輸出価格に見合う価格での原料入手が困難になった。この当時、山陰地区では、安価なサバ類の豊漁が続きサバ缶が生産されたため、1969年以降アジ缶はほとんど生産されなくなった。

1970年代当初まで青魚缶詰は価格が安く、過当競争の激化と製品イメージの低さから、相場が絶えず不安定であった。しかし、1973年以降海外市場の引き合いが活発化すると、相場が強気に転じ、輸出の高値更新を国内販売価格が追いかけるという「輸出主導型」の価格形成が強まった。

1980年には青魚缶詰の輸出拡大によって、水産缶詰全体の輸出量がピークになった。しかし、1983年の主要輸出先国の輸入停止や、1985年のプラザ合意による大幅な円高を契機に、日本産水産缶詰が第三国の缶詰よりも価格面で不利となり、輸出量が大幅な減少に転じた。

1983年には、国内でマイワシが健康食品として見直される「イワシブーム」が起きたため、イワシ缶の国内消費量が急増したが、イワシブームは長くは続かなかった。

1990年代半ばになると、サバ類とマイワシの原料事情が悪化して、需要をまかなうほどの缶詰が生産できなくなったため、サンマ缶に対する代替需要が起こった。サンマ缶は、1990年代以降値頃感のある水産缶詰として、国内で大量に消費されたため、1989～1998年の10年間、サンマ缶の生産量比率が20％で推移した。2004～2009年には量販店でサンマ缶の特売が頻繁に行われたため、サンマ缶の比率が20～30％に上昇した。サンマ缶は、2010～2015年には生産量比率が26～28％で推移したが、2016年以降原料事情が悪化しており、2019年の比率が9％に低下した。

一方、サバ缶の生産量比率は、サバ缶ブームにより2016年の70％から2019年には77％に上昇。また、イワシ缶の消費量も増加したため、イワシ缶の比率が2016年の8％から2019年には14％に上昇した。

青魚缶詰は、戦後から1960年代まではアジ缶を含む4魚種で構成されたが、1970年代以降アジ缶が生産されなくなり、サバ類、マイワシ、サンマの3魚種が連携しながら、缶詰が生産されてきた。青魚は、我が国近海で漁獲されるため、200海里問題の影響を受けなかったため、青魚缶詰は比較的安定的に生産された。その結果、水産缶詰生産量全体に占める青魚缶詰の比率は、1950年の35％から2018年には61％に上昇。しかし、近年、北太平洋公海域における外国漁船のサンマ過剰漁獲により、サンマ缶の生産量が激減するようになった。

コラム8：鯖サミット2019 in 八戸

鯖サミットとは、日本各地のサバやサバ料理が味わえる食のイベントである。サバの産地やサバに力を入れている地域の取組を発信する場として、2014年より年1回のペースで開催されている。

鯖サミットは、2014年の1回目と2015年の2回目が鳥取県鳥取市で開催された。主催は、1回目が「鳥取の新・ご当地グルメを創る会」、2回目が「とっとり・いなばの塩鯖を考える会」であった。鳥取県外からの出展者が増えたため、「全日本さば連合会」の協力により、3回目は小浜市（福井県）、4回目は銚子市（千葉県）、

5回目は松浦市（長崎県）で開催された。

著者は、2019年11月に青森県八戸市で開催された鯖サミットに参加した。6回目の「鯖サミット2019 in 八戸」では、大手水産会社と中堅・小規模缶詰会社がサバ缶を多数出展した。八戸では、なぜ、サバ缶が多く出展されたのか。最大の要因は青魚缶詰を生産する会社が多く、日本最大のサバ缶生産地であるからだ。

八戸の鯖サミットには、全体で30社・団体が参加した。このうち、青森県では、八戸市から八戸缶詰（株）グループ（八戸缶詰（株）、八戸協和水産（株）、（株）三星）、伊藤食品（株）八戸工場、日本水産（株）、日本ハムグループの（株）宝幸八戸工場、また、青森市から（株）マルハニチロ北日本青森工場が、それぞれ出展した。伊藤食品（株）が「美味しい鯖シリーズ」、日本水産（株）が「ニッスイのおいしいサバ缶」、（株）マルハニチロ北日本が「月花さばシリーズ」をPRしており、八戸缶詰（株）グループと（株）宝幸八戸工場もさまざまなサバ缶を出展した。

さらに、宮城県気仙沼市の（株）ミヤカンが「サバ水煮」、大阪府大阪市の（株）「鯖や」が「SABAR」、島根県浜田市の（株）シーライフが「まさば缶詰」、長崎県松浦市の（一社）まつうら観光物産協会が「旬サバ缶詰」を出展した。鯖サミット2019 in 八戸は、まさにサバ缶サミットになった。鯖サミットでは、毎年数万人が来場して大変好評を博している。今後とも全国のどこかで、毎年鯖サミットが開催され、全国的にサバに対する関心が継続されることを願う。

2．千葉県を事例とした青魚缶詰の魚種連携

ここでは、青魚缶詰の魚種連携について千葉県の事例を述べる。図6-3に、「千葉県の青魚缶詰生産量の推移」を示した。イワシ缶、サンマ缶、サバ缶の順に述べる。

①イワシ缶

千葉県では昭和初期にマイワシが豊漁であり、イワシ缶は戦前から生産され、戦後も当初から生産された。しかし、1959年にマイワシが不漁になり、イワシ缶の生産量が減少した。その後、1976～1985年にはマイワシ漁獲量の

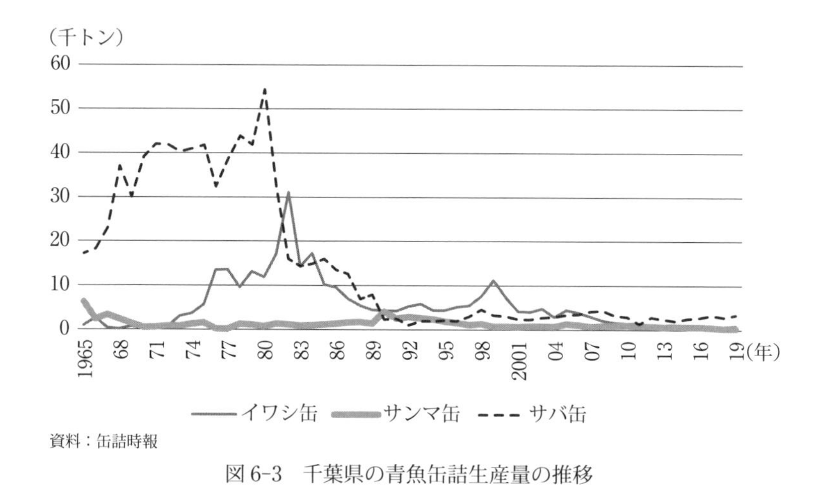

資料：缶詰時報

図 6-3　千葉県の青魚缶詰生産量の推移

増加に伴い、イワシ缶が1万～3万トン生産され、1982年が3万1,111トンのピークであったが、再びマイワシ漁獲量が減少。その後、マイワシ資源が再び回復して、2019年にはイワシ缶が862トン生産された。

②サンマ缶

千葉県のサンマ缶は、戦後の一時期、イワシ缶に代わって生産量が伸びた。サンマやマイワシの水揚地である銚子漁港では、マイワシ漁獲量の減少に伴い、1949年にイワシ缶の代替として、サンマ缶を試験的に輸出して好評を博した。サンマ缶の生産量は、1965年が6,000トンのピークであり、その後1998年までは1,000トン以上生産される年が多かったが、その後減少し、2019年が227トンであった。

③サバ缶

千葉県では、戦後当初サバの水揚量が少なかったが、1959年12月に銚子沖でサバの新漁場が発見され、大量に水揚げされるようになった。銚子沖のサバ漁場は、当初、はね釣り漁船のみが操業。はね釣り漁船が漁獲するサバは、鮮度の良い大型サイズが多かったため、鮮魚向けが多く、缶詰向けが少なかった。その後、1964年からこのサバ漁場をまき網漁船も利用するようになった。1960年代後半になると、はね釣り漁船の隻数が減少し、まき網漁船がサバを大量に水揚げしたことから、サバ缶の生産量が増加した。サバ缶生産量は、輸出向けが多かった1965～1987年には1万～5万トン生産され、1980年がピークの54,353トンであった。その後のサバ缶生産量は、1992年には1,055トンにまで低迷したが、2019年には3,330トンに増加した。

参考として、表6-1に、「千葉県銚子市における水産缶詰の国内外への出荷状況（1960年）」を示した。銚子市の水産缶詰は、戦前から輸出されていたが、1965年頃までは国内向けの方が多かった。しかし、1960年においてもフィレー油漬けと油漬けのサバ缶、並びにフィレー油漬けとフィレー、トマト漬けのサンマ缶は、いずれも輸出向け比率が100％であった。

表6-1　千葉県銚子市における水産缶詰の国内外への出荷状況（1960年）

魚種	品目	生産量（箱）	国内向け比率（％）	輸出向け比率（％）
サバ缶	水煮	431,901	83.2	16.8
	フィレー油漬け	8,157		100
	味付け	182,272	96.9	3.1
	油漬け	2,190		100
	味噌煮	140,132	100	
イワシ缶	トマト漬け	27,827	12.8	87.2
	味付け	79,146	94.0	6.0
サンマ缶	味付け	27,704	74.1	25.9
	油漬け	6,130	8.1	91.9
	フィレー油漬け	27,962		100
	フィレー	4,318		100
	トマト漬け	4,975		100
	蒲焼き	135,018	95.9	4.1
	味噌煮	2,509	100	

資料：続銚子市史Ⅲ

3．主要道県における青魚缶詰の生産動向

青魚缶詰の国内生産量は、輸出量が最も多かった1980年が31万トンのピークであったが、1988年以降輸出量の減少に伴い10万トンを下回り、2019年が5.8万トンであった。青魚缶詰の缶詰工場は、北海道から九州の各地にある。

ここでは、青魚缶詰を年間1,000トン以上生産した実績を有する「主要道県」を対象に、青魚缶詰の生産動向について述べる。主要道県とは、北海道、青森県、岩手県、宮城県、福島県、茨城県、千葉県、静岡県、鳥取県、島根県、長崎県の11道県である。表6-2に、「主要道県における青魚缶詰生産量の推移」を示した。

まず、主要道県における青魚缶詰の魚種別生産量と輸出の特性を述べる。北海道は、1980年には主にサンマ缶を生産したが、輸出が少なかった。また、2019年にはイワシ缶とサンマ缶の生産が多い。青森県は、1980年と2019年のいずれもサバ缶の生産が多い。1980年のサバ缶は、調理形態別にはトマト漬けが52％、水煮が33％を占め、輸出が多い。岩手県は、1980年と2019年の

表6-2　主要道県における青物缶詰生産量の推移

（単位：トン）

	1980年			2000			2019		
	サバ缶	イワシ缶	サンマ缶	サバ缶	イワシ缶	サンマ缶	サバ缶	イワシ缶	サンマ缶
北海道		25	2,601			3,248	296	3,548	1,501
青森県	69,598	11,679	961	11,077	777	406	22,310	348	277
岩手県	15,159	193	2,726	3,261	2,063	5,253	4,330	1,033	2,777
宮城県	5,585	63	24	22	6	163	4,996	524	470
福島県	11,567	5,016							
茨城県	24,351	2,273	37	5,806	7,862	124	5,165	748	127
千葉県	54,353	11,834	712	3,000	7,298	689	3,330	862	227
静岡県	1,522	4					50	163	
鳥取県	33,293	19,094		2,968	438				
島根県	18,709	13,422							
長崎県	1,699	3,465		2,964	1,458		3,891	544	

資料：缶詰時報

いずれもサバ缶とサンマ缶の生産が多い。1980年のサバ缶は、調理形態別には水煮が57%、油漬けが36%を占め、輸出が多い。宮城県は、1980年と2019年のいずれもサバ缶の生産が多い。1980年のサバ缶は、調理形態別には油漬けが76%を占め、輸出が多い。

また、福島県は、1980年にはサバ缶とイワシ缶を生産したが、2000年以降青魚缶詰を生産していない。1980年のサバ缶は、調理形態別にはトマト漬けが94%を占め、輸出が多い。茨城県は、1980年と2019年のいずれもサバ缶の生産が多い。1980年のサバ缶は、調理形態別には水煮が78%、トマト漬けが20%を占め、輸出が多い。千葉県は、1980年と2019年のいずれもサバ缶の生産が多い。1980年のサバ缶は、調理形態別には水煮が41%、トマト漬けが40%、油漬けが16%を占め、輸出が多い。静岡県は、1980年にはサバ缶を生産したが、2000年以降生産していない。1980年のサバ缶は調理形態別には油漬けが97%を占め、輸出が多い。

鳥取県は、1980年にはサバ缶とイワシ缶を生産したが、その後生産していない。1980年のサバ缶は、調理形態別にはトマト漬けが82%、水煮が16%を占め、輸出が多い。島根県は、1980年にはサバ缶とイワシ缶を生産したが、2000年以降生産していない。1980年のサバ缶は、調理形態別にはトマト漬けが73%、水煮が26%を占め、輸出が多い。長崎県は、1980年にはイワシ缶とサバ缶、2019年にはサバ缶の生産が多い。1980年のサバ缶は、調理形態別には水煮が58%、トマト漬けが42%を占め、輸出が多い。

上記の青魚缶詰の魚種別生産量と輸出の特性から、主要道県を2つのグループに区分した。Aグループ：1980年には青魚缶詰生産量が多く、2019年も生産を継続（北海道、青森県、岩手県、宮城県、茨城県、千葉県、長崎県の7県）。Bグループ：1980年には青魚缶詰生産量が多かったが、2019年にはほとんど生産していない（福島県、静岡県、鳥取県、島根県の4県）。

2つのグループごとに道県を選択して、青魚缶詰の生産量と調理形態別生産動向を述べる。Aグループでは青森県、千葉県、Bグループでは島根県を対象とした。

①青森県（A グループ）

図 6-4 に、「青森県におけるサバ缶生産量と全国のサバ缶生産量に占める青森県の比率の推移」を示した。全国的にサバ缶輸出が多かった年代には、全国のサバ缶生産量に占める青森県の比率は 10 ～ 20%と低かった。しかし、1985 年以降サバ缶の輸出量が大幅に減少すると、全国のサバ缶生産量に占める青森県の比率は上昇し、2015 年が 55%であった。

八戸市は、東北新幹線全線開業を見据え、2008 年 7 月に新たな観光の目玉となるブランドを創造するため、八戸前沖さばブランド推進協議会（八戸商工会議所内）を設立した。同協議会は、三陸沖以北の日本近海で漁獲され、八戸港に水揚げされるサバを対象に、地域ブランド「八戸前沖さば」として認定される漁獲期間を、水揚げ状況、脂質、重量等を総合的に勘案して毎年判断する。八戸前沖では、秋口の早い時期から海水温が下がるため、「八戸前沖さば」は他海域のサバよりも脂質が豊富に含まれる。「八戸前沖さば」は、従来、8 月から認定されていたが、温暖化の影響によりサバの来遊時期が遅れ、2019 年には 11 月 22 日に認定された（終了日が 12 月 10 日）。

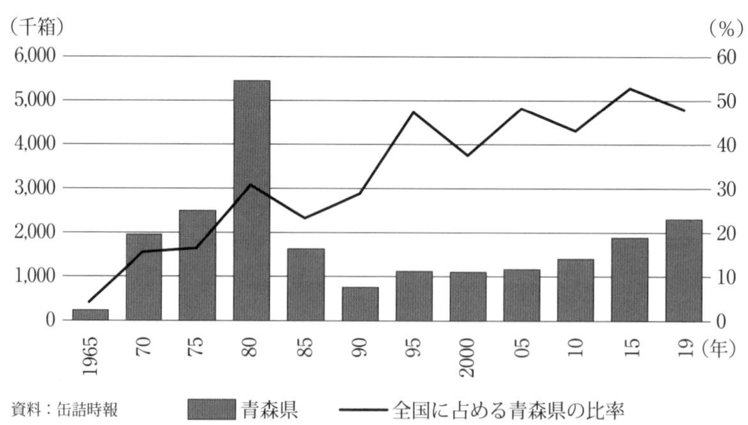

図 6-4　青森県におけるサバ缶生産量と全国のサバ缶生産量に占める青森県の比率の推移

②千葉県（A グループ）

図 6-5 に、「千葉県銚子漁港のサバ類水揚量と全国のサバ類漁獲量に占める銚子漁港の比率の推移」を示した。銚子漁港のサバ類水揚量（水産物流通統計年報による）は、1984 年が 25 万トンのピーク、1991 年には 0.2 万トンに激減したが、その後回復して、2019 年が 9 万トンであった。

全国のサバ類漁獲量（漁業養殖業生産統計年報による）に占める銚子漁港の水揚量比率は、1970 年代後半には 10％以下の年が多かったが、1984 ～ 1987 年には 20 ～ 30％に増加、1990 年代と 2000 年代には数～ 10 数％に低迷したが、2012 ～ 2019 年には再び 20 ～ 30％に増加した。2010 年代になって水揚量比率が増加したのは、海洋環境の変化により、マサバ太平洋系群の八戸沖や三陸沖での滞留期間が短くなり、銚子沖に滞留する期間が相対的に長くなったため。銚子漁港は、2011 年から年間水揚量が連続日本一（2020 年現在）であり、サバ缶原料魚の供給基地としての重要性が高まった。

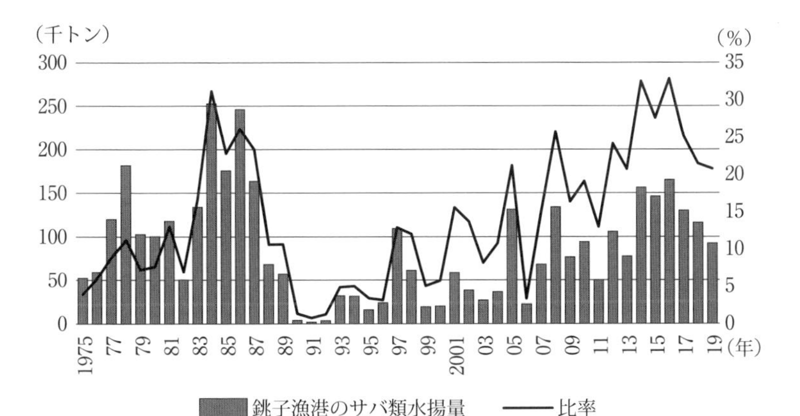

資料：漁業養殖業生産統計年報、水産物流通統計年報

図 6-5　千葉県銚子漁港のサバ類水揚量と全国のサバ類漁獲量に占める銚子漁港の比率の推移

③島根県（B グループ）

図 6-6 に、「島根県における青魚缶詰生産量の推移」を示した。サバ缶生産

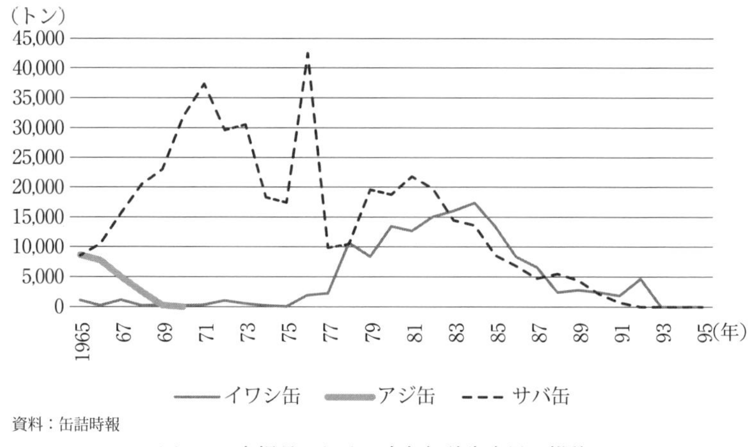

資料：缶詰時報

図 6-6　島根県における青魚缶詰生産量の推移

量は、1965 年が 8,000 トンであり、その後増加して、1976 年が 42,000 トンのピークであった。1976 年の調理形態別内訳をみると、輸出向けが多いトマト漬けと水煮がそれぞれ 61%と 39%を占めた。その後、サバ缶生産量は 1977 ～ 1984 年には 1 万トンで推移したが、1985 年以降減少し 1991 年の 707 トンを最後に生産されなくなった。

イワシ缶生産量は、1965 年が 1,000 トンであり、1978 ～ 1985 年には 1 万トンの年が多かったが、その後減少し、1992 年の 4,650 トンを最後に生産されなくなった。1967 年のイワシ缶の内訳をみると、輸出量が多いトマト漬けが 79 %を占めた。また、アジ缶の生産量は、1965 年が 8,600 トンであったが、1969 年の 200 トンを最後に生産されなくなった。1965 年のアジ缶の内訳をみると、輸出量が多いトマト漬けが 64%を占めた。

第 2 節　サンマ缶の生産・消費・販売の動向

1．サンマ缶の生産動向

サンマの仲間（サンマ科）は世界に 4 種類いるが、我が国が漁獲しているサンマは、北太平洋の日本沿岸から北アメリカの沿岸に分布している。戦前の我が国のサンマ漁法は、流し網やまき網が用いられたが漁獲効率が悪いため、サンマ漁獲量が1万～2万トン程度と少なかった。しかし、戦後、集魚灯を利用する高能率な棒受網が用いられると、漁獲量が飛躍的に増加した。北太平洋のサンマは、1980年以前には、主に自国の200海里水域内で、日本、韓国、ロシアが漁獲していたが、その後、北太平洋公海域で、台湾、韓国、中国、バヌアツが漁獲するようになった。

図6-7に、「サンマ漁獲量とサンマ缶国内生産量の推移」を示した。我が国のサンマ漁獲量は、1975年から2014年までは増減を繰り返しながら、20万トン台の年が多く、2008年と2009年には30万トンを上回った。しかし、2015年以降漁獲量が減少し、2018年が12万8,929トン、2019年には4万5,778トンに落ち込み、戦後最低を記録した。

我が国のサンマ漁獲量が減少した理由は、2000年以降、北太平洋公海域における外国漁船によるサンマ漁獲量が増加したことによる過剰漁獲である。2013年には台湾の漁獲量が18.3万トンに達し、初めて日本の漁獲量（14.9万トン）を上回った。漁獲されるサンマは、2019年からサイズの小型化が顕著になった。

サンマ缶の国内生産量は、1975年が1万1,012トン、1980年代後半には

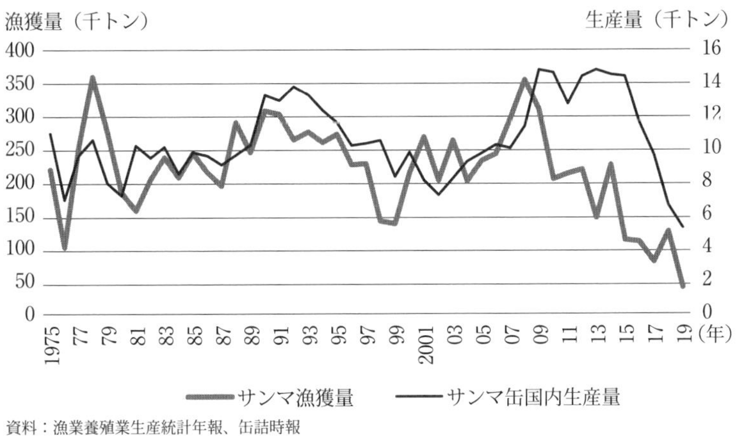

資料：漁業養殖業生産統計年報、缶詰時報

図6-7　サンマ漁獲量とサンマ缶国内生産量の推移

9,000トンに減少、1992年には一旦1万3,784トンに増加し、2000年代前半が7,000～9,000トン、2006年から1万トンを上回り、2013年が1万4,814トンであったが、2016年から減少し、2019年が5,381トンであった。

サンマ缶は、サバ缶やイワシ缶と異なり、推定生産金額が「缶詰時報」に掲載されていないので、推定生産金額を国内生産量で除してサンマ缶の価格（円/kg）を算出することができない。このため、サンマ缶の価格は、販売金額が最も多い「マルハニチロのサンマ蒲焼き缶（内容重量が100g）（商品名が、さんま蒲焼EOK5A)」の平均売価を用いた。平均売価（12月）によるサンマ価格は、2010～2013年が80円台、2014年が90円、2015年と2016年が100円台、2017年が110円であり、価格が比較的安定していた。しかし、2017年に原料価格が上昇したため、2018年にサンマ缶価格を150円に値上げした。

2．サンマ缶の国内消費量と調理形態別国内消費量比率の動向

図6-8に、「サンマ缶の国内消費量と国内消費量比率の推移」を示した。国内消費量は、国内生産量から輸出量を差し引いたもの。国内消費量比率は、「1－輸出量比率（輸出量÷国内生産量)」から求めた。なお、国際的な輸出環境の変化により、1960年代にはある年に生産された缶詰が年内に輸出できず国内

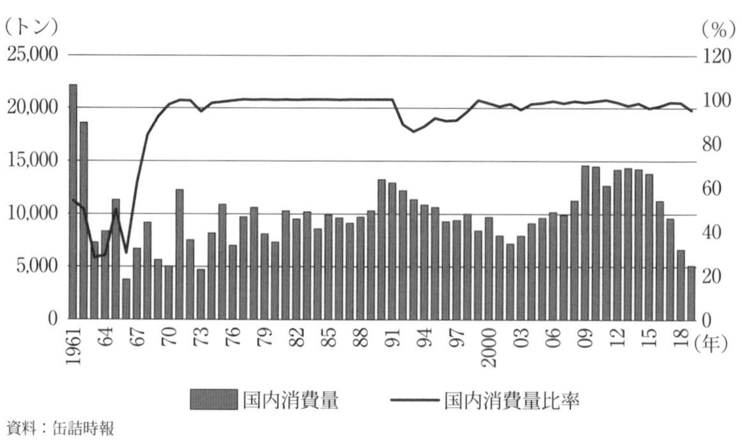

資料：缶詰時報

図6-8　サンマ缶の国内消費量と国内消費量比率の推移

に大量に残り、国内消費量が過大な数値になることがみられたので、その場合には国内消費量比率を一部修正した。

サンマ缶は、1950年から輸出が始まり、1952年から輸出量が大幅に拡大し、1960年代前半には主にトマト漬けや水煮が輸出された。サンマ缶の輸出量は、1960年が1.7万トンであり、1963年と1964年には2万トンの大台に乗った。サンマ缶は、イワシ缶やサバ缶の代替品として輸出されることが多く、1963年頃からサバ缶の輸出量が増加すると、サンマ缶輸出量が減少した。サンマ缶は、1969～1990年にはほとんど輸出されなくなったが、1992～1996年にサバ缶とイワシ缶の輸出量が減少すると、1,000トン程度輸出された。1997年以降サンマ缶は再び輸出されなくなり、現在に至っている。

サンマ缶の国内消費量をみると、1960年代後半から1988年までは1万トン以下で推移したが、1989～1995年には1万数千トンに増加、その後2000年代半ばまで7,000～9,000トンに減少したが、2008～2016年には再び1万トン台に回復した。しかし、2017年以降再び減少し、2019年が5,118トンであった。

次に、サンマ缶の国内消費量比率をみると、サンマ缶の輸出量が多かった1960年代前半までは、30～50%と低かったが、1969年以降輸出量が大幅に減少したため、90%以上で推移し、2019年が95%であった。

図6-9に、「サンマ缶の調理形態別国内消費量比率の推移」を示した。調理形態別国内消費量比率（以下、「消費量比率」）とは、国内消費量合計に占める調理形態別国内消費量の比率である。サンマ缶の調理形態には、蒲焼き、味付け（醤油味）、水煮、味噌煮などがある。サンマ缶の消費量比率をみると、蒲焼きは、1970～1985年が60～80%、2000年と2005年には70%に上昇したが、2010年以降50%に低下。味付けの消費量比率は、1970年と1975年には30%と高かったが、その後10～20%で推移した。また、水煮・味噌煮等の消費量比率は、1970～1985年が数%、1990年以降増加し、2019年が29%。なお、サンマの蒲焼きは、1955年頃ウナギの蒲焼きにヒントを得て銚子市で生産されるようになった。

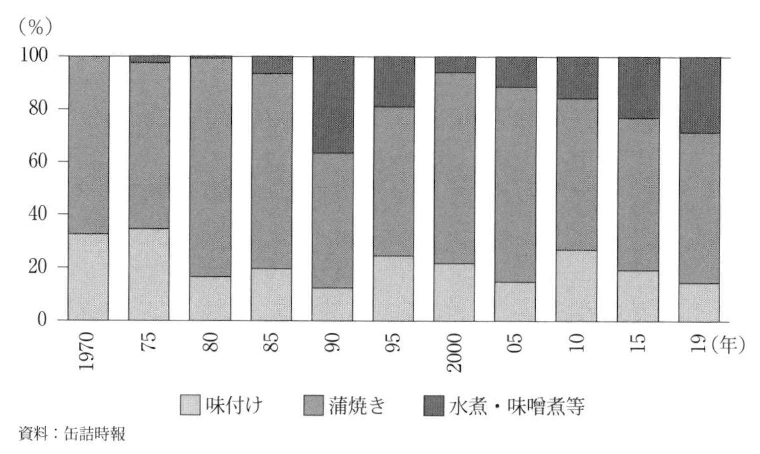

資料：缶詰時報

図 6-9　サンマ缶の調理形態別国内消費量比率の推移

3．サンマ缶の調理形態別販売金額の動向

株式会社「KSP-SP」の POS データの月報を用いて、表 6-3 に、「水産缶詰（マグロ・カツオ以外）の販売金額上位 50 品目における調理形態別サンマ缶の販売金額順位の推移」を示した。ここでは、年間の国内消費量が多い 12 月のデータを用いた。

サンマ缶の合計品目数をみると、2011 年が 9 品目のピークであり、2012 ～ 2017 年には 5 ～ 8 品目で推移した。2018 年にはサンマ缶価格の値上げにより 2 品目に減少したが、翌 2019 年には 5 品目に回復し、2020 年が 4 品目であった。調理形態別には、2010 ～ 2016 年には蒲焼きの 3 ～ 6 品目に加えて、味噌煮、味付け、水煮、その他（昆布巻、塩焼き）がみられたが、2017 ～ 2020 年には蒲焼きのみになった。

また、サンマ蒲焼き缶の販売金額の順位は、2010 ～ 2016 年にはいずれも 1 位と 2 位を占めたが、サバ缶ブームの影響によりサバ缶が上位にきたため、2017 年以降 2 位以下に後退した。

4．サンマ缶の調理形態別地区別ランキングの状況

表 4-2（43 ページ）と同様に年報を用いて、表 6-4 に、「水産缶詰（マグロ・

表6-3　水産缶詰（マグロ・カツオ以外）の販売金額上位50品目における調理形態別サンマ缶の販売金額順位の推移

販売金額が多い品目の順位	2010年	2011	2012	2013	2014	2015	2016	2017	2018	2019	2020
	12月	12	12	12	12	12	12	12	12	12	12
1	蒲焼	蒲焼	蒲焼	蒲焼	蒲焼	蒲焼	蒲焼				
2	蒲焼	蒲焼	蒲焼	蒲焼	蒲焼	蒲焼	蒲焼			蒲焼	
3								蒲焼			
4									蒲焼		蒲焼
5											
6											
7											
8											
9					味付						
10											
11	蒲焼			蒲焼							
12								蒲焼			
13						蒲焼					
14					蒲焼						
15		蒲焼									
16			蒲焼	味付				蒲焼			
17						蒲焼	蒲焼				
18						味付					
19											蒲焼
20		味付									
21	蒲焼										
22			味付							蒲焼	蒲焼
23											
24							味付				
25											
26	蒲焼	蒲焼	味噌煮		味噌煮						
27				味噌煮							
28	味付	蒲焼									
29		味噌煮						蒲焼			
30											

販売金額が多い品目の順位		2010年	2011	2012	2013	2014	2015	2016	2017	2018	2019	2020
		12月	12	12	12	12	12	12	12	12	12	12
31			昆布巻									
32							味噌煮					
33												
34										蒲焼	蒲焼	
35		味噌煮									蒲焼	
36			蒲焼									
37				蒲焼								
38												
39		蒲焼		蒲焼								
40												
41												
42												
43												
44												
45					蒲焼							蒲焼
46							塩焼	味噌煮				
47											蒲焼	
48								蒲焼				
49				水煮					蒲焼			
50					水煮							
サンマ缶の合計品目数		8	9	8	7	5	7	6	5	2	5	4
調理形態別内訳	蒲焼	6	6	5	4	3	4	4	5	2	5	4
	味噌煮	1	1	1	1	1	1	1				
	味付	1	1	1	1	1	1	1				
	水煮			1	1							
	その他		1				1					

資料：全国販売 POS データ（KSP-POS、缶詰時報）

表6-4　水産缶詰（マグロ・カツオ以外）の販売金額上位100品目における
サンマ缶の調理形態別地区別ランキング（2019年）

調理形態	順位	地区別ランキング									
		北海道	東北	北関東	首都圏	北陸	東海	近畿	中国	四国	九州
蒲焼き	5	8	7	9	6	3	6	10	4	1	2
	24	6	7	9	10	8	5	2	2	4	1
	25	9	6	8	3	10	5	4	7	2	1
	49	4	3	2	7	8	9	10	5	6	1
	64	7	10	3	2	5	1	9	8	6	4
	75	10	3	1	6	2	8	9	5	7	4
	単純平均順位	9	7	4	5	7	5	9	3	2	1
味付け	67	2	1	3	6	5	8	7	4	10	9
味噌煮	78	2	1	3	7	5	8	8	4	10	6
水煮	92	3	1	4	2	6	8	10	9	5	7
単純平均順位（蒲焼き以外）		2	1	3	4	5	8	9	6	9	7

資料：日刊水産経済新聞（2020年2月4日）（出典：KSP-POS）

カツオ以外）の販売金額上位100品目におけるサンマ缶の調理形態別地区別ランキング（2019年）」を示した。

2019年の年報では、100品目中サンマ缶が9品目を占めた。その内訳をみると、蒲焼きが6品目（うち、50位以内が4品目）で一番多く、次いで味付けが1品目、味噌煮が1品目、水煮が1品目であり、蒲焼き以外はいずれも50位以内には入っていない。

調理形態別地区別のランキング（単純平均順位）をみると、蒲焼きは九州が1位、四国が2位、中国が3位であり、西日本での消費が多い。味付けと味噌煮、水煮は東北が1位、北海道が2位または3位であり、北日本での消費が多い。

5．小売店舗におけるサンマ缶の販売状況

表 6-5 に、「神奈川県横浜市 H 駅周辺における小売店舗タイプ別サンマ缶の販売状況」を示した。H 駅周辺の小売店舗（12 店舗）が販売した調理形態別サンマ缶の合計（延べ品目数）をみると、蒲焼き（25)、味付け（9)、その他（5)、水煮（4)、味噌煮（3）の順に多かった。「その他」は、照焼き、塩焼き、煮付けなどがあった。

サンマ缶の品目数は、東急ストア（9)、オーケー（7)、オリンピック（6）の順に多かった。また、輸入されたサンマ缶は、すべてタイ産であった。ザ・ガーデンズ自由が丘とイオンでは、蒲焼きが 1 品目だけであったが、その他のスーパーマーケットやディスカウントストア、コンビニエンスストアでは、複数の蒲焼きを販売していた。

表 6-5　神奈川県横浜市 H 駅周辺における小売店舗タイプ別サンマ缶の販売状況

小売店舗のタイプ	小売店舗の名称	サンマ缶の調理形態別品目数						うち、国内産の品目数	うち、輸入した品目数	うち、大量販売の有無
		蒲焼き	味付け	水煮	味噌煮	その他	計			
デパート	ザ・ガーデンズ自由が丘	1	2	1			4	4		無
スーパーマーケット	イオン	1				1	2	1	蒲焼き 1（タイ）	無
	コープ	3	1		1		5	5		無
	東急ストア	3	4	2			9	9		無
ディスカウントストア	オーケー	4	1		1	1	7	6	蒲焼き 1（タイ）	無
	オリンピック	3	1	1	1		6	6		無
コンビニエンスストア	セブンイレブン	2					2	2		無
	ファミリーマート	2					2	2		無
	ローソン	3				1	4	4		無
百円ショップ	キャンドゥ	1					1	0	蒲焼き 1（タイ）	無
	シルク	1				2	3	2	その他 1（タイ）	無
	ダイソー	1					1	0	蒲焼き 1（タイ）	無
合計（延べ品目数）		25	9	4	3	5	46	41	5	

注：2020 年 8 月 30 日に販売状況調査を実施

コラム9：サンマ缶の生産量が激減

近年、北太平洋公海域における外国漁船によるサンマ過剰漁獲が大きな要因となり、日本漁船によるサンマの漁獲量が減少している。我が国のサンマ漁獲量は、2014年までは20万トン台の年が多かったが、2015～2018年には10万トン台に減少し、2019年と2020年には数万トンに激減した。このため、サンマの産地価格（円/kg）は、2014年までは100円台以下の年が多かったが、2015年から200円台になり、2019年と2020年には300円台以上に高騰した。一般社団法人漁業情報サービスセンターによると、2020年のサンマ水揚量は2万8,000トンで前年の4万トンに比べて3割減少、サンマ産地価格は478円で前年の317円に比べて5割上昇した。なお、漁業情報サービスセンターは主要な漁業地区のみを対象に「水揚量」、農林水産省（漁業養殖業生産統計年報）は全国を対象に「漁獲量」をとりまとめている。このため、「水揚量」は「漁獲量」よりも数値が小さい。

このため、サンマ缶の国内生産量は、2012～2015年には1万4,000トンであったが、2016年から減少に転じ、2017年が9,748トン、2019年には5,381トンに激減した。サンマ産地価格の上昇に伴い、大手水産会社は、サンマ缶価格を2018年春に続いて、2021年春にも値上げを余儀なくされた。国内ではサンマ蒲焼き缶の人気が最も高いが、今後、蒲焼きが手に届きにくくなる恐れがでてきた。

第3節　イワシ缶の生産・消費・販売の動向

1．イワシ缶の生産動向

日本周辺海域のマイワシは、歴史的にみると数10年毎の大幅な資源変動を繰り返し、サバ類やサンマに比べて資源変動の幅が大きい。我が国のマイワシ漁獲量は、1950年代から1962年までは10万～30万トンで推移したが、1963～1972年には数万トン以下に激減した。そして、1973年からマイワシ漁獲量が再び数10万トンに急増して、1976年から100万トンを超え、1988年には449万トンのピークになったが、1995年には100万トンを下回り、2005年には2.8万トンにまで落ち込んだ。しかし、2006年から再び増加に転じ、2019年が55万6,351トンであった。

図6-10に、「マイワシ漁獲量とイワシ缶国内生産量の推移」を示した。マイワシの漁獲量は、1950年代から1962年までは10万～30万トンで推移し、この間のイワシ缶国内生産量が1.2万～3万トンであった。その後、マイワシ漁獲量が減少したため、イワシ缶生産量は1963～1975年には数千トンで推移した。1973年からマイワシ漁獲量が増加したため、1980年代前半にはイワシ缶国内生産量が6万トン以上に増加し、その大半が輸出された。マイワシ漁獲量は、2000年代には低迷したものの、2006年から再び増加に転じた。

図6-11に、「イワシ缶の国内生産量と価格の推移」を示した。イワシ缶の国内生産量は、1951年が1万3,845トンであり、その後増減しながら、1970年が1,019トンの最低となった。イワシ缶国内生産量は、1982年の11万トンがピークであり、このうち、9.9万トンが輸出向けであった。しかし、1983年にはイワシ缶の最大の輸出先であったフィリピンが国家的経済破綻によりイワシ缶輸入を中止するなど、その後イワシ缶の輸出量が急速に減少したため、国内生産量が激減した。

また、1995～2005年頃にかけてイワシ缶原料が不足したため、国内の缶詰

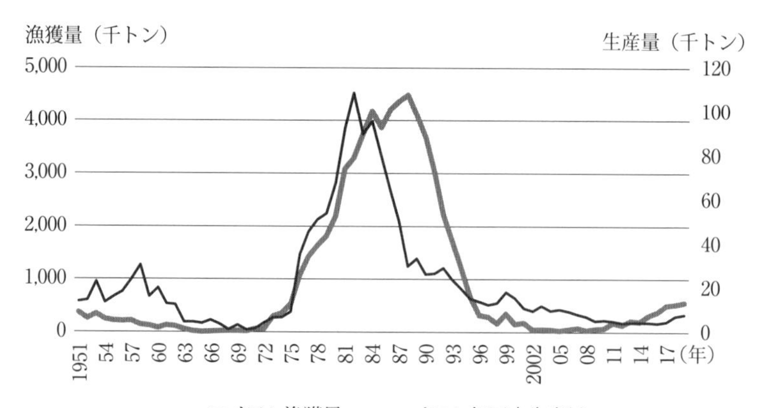

資料：漁業養殖業生産統計年報、缶詰時報

図6-10　マイワシ漁獲量とイワシ缶国内生産量の推移

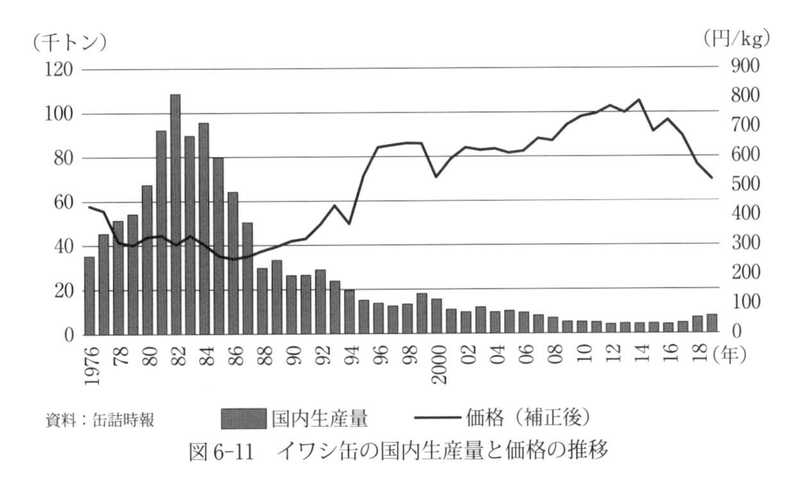

図6-11　イワシ缶の国内生産量と価格の推移

会社は、北米太平洋産（メキシコと米国）のマイワシを輸入したことがある。その後マイワシ漁獲量の増加に伴い、イワシ缶の国内生産量は2016年には4,152トンに増えた。その後サバ缶ブームの恩恵を受けて、2018年が7,233トン、2019年が7,854トンと大幅に増加した。

イワシ缶の価格（円/kg）は、「缶詰時報」に掲載されるイワシ缶の推定生産金額（年間）を国内生産量（年間）で除したものである。イワシ缶の価格は、輸出量が多かった1970～1994年には200～400円、1995年以降イワシ缶生産量が減少すると500円以上に上昇、2014年には790円のピークになった。その後、イワシ缶生産量の増加に伴い、2018年と2019年には価格が500円に低下した。

2．イワシ缶の国内消費量と調理形態別国内消費量比率の動向

図6-12に、「イワシ缶の国内消費量と国内消費量比率の推移」を示した。国内消費量は、国内生産量から輸出量を差し引いたものであり、大小3つの山がある。3つの山の国内消費量は、それぞれ1962年が1万トン、1983年が2万1,000トン、直近の2019年が7,000トンであった。

また、国内消費量比率は、「1－輸出量比率（輸出量÷国内生産量）」から求め

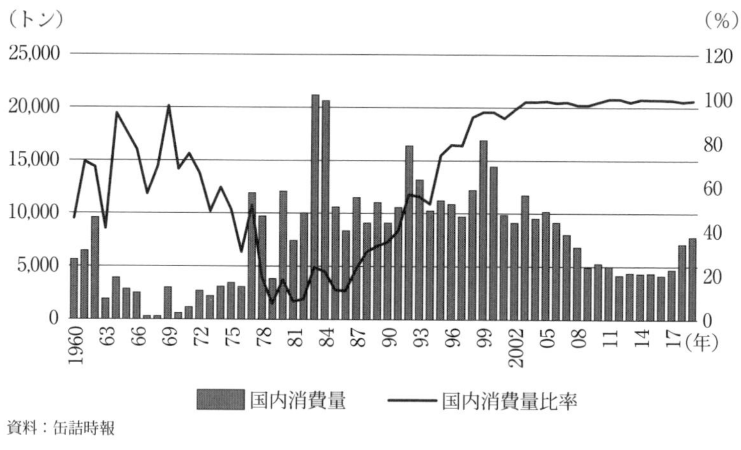

資料：缶詰時報

図 6-12　イワシ缶の国内消費量と国内消費量比率の推移

た。イワシ缶の国内消費量比率をみると、イワシ缶の輸出量が少なかった1964・1965年には90%前後と高かったが、輸出量が多くなった1981・1982年には8～9%に低下した。その後、イワシ缶がほとんど輸出されなくなった2000年代以降は再び高くなり、2019年が99%であった。

図 6-13に、「イワシ缶の調理形態別国内消費量比率の推移」を示した。調理形態別国内消費量比率（以下、「消費量比率」）とは、国内消費量合計に占める調

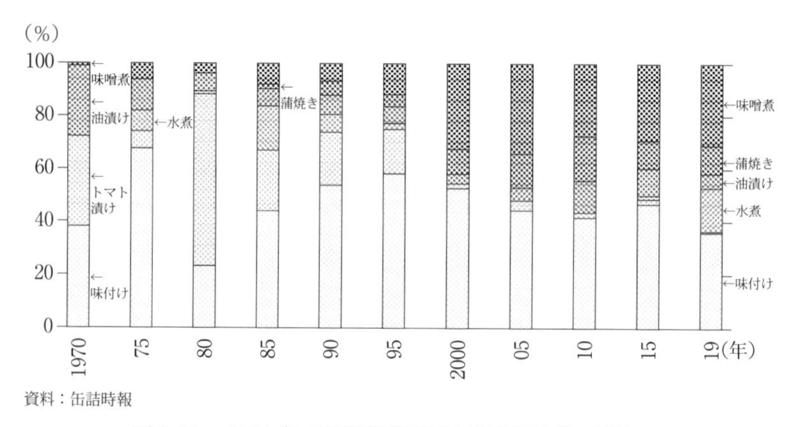

資料：缶詰時報

図 6-13　イワシ缶の調理形態別国内消費量比率の推移

理形態別国内消費量の比率である。イワシ缶の調理形態には、味付け（醤油味）、味噌煮、蒲焼き、油漬け、水煮、トマト漬けなどがある。

年代別に消費量比率が高い上位3品目をみると、1970年には味付けとトマト漬け、油漬けであった。味付けは国内向けであるが、トマト漬けと油漬けは輸出向けに生産されたものが国内でも消費された。なお、1980年にはトマト漬けの比率が65％と高いが、これは1980年に生産したにもかかわらず年内に輸出できず国内に大量に残り、国内消費量が過大な数値になったものと思われる。

1985年になると、味付けとトマト漬け、水煮が多く消費された。2000年には味付けと味噌煮、蒲焼きの消費が多かった。また、2019年には味付けと味噌煮の他に水煮が増えた。水煮は、国内消費量が2018年の100トンから2019年には1,300になり、消費量比率が2018年の2％から2019年には16％に急増した。

ここ50年間（1970～2019年）におけるイワシ缶の調理形態別消費量の推移をみると、味付けは長期的に安定しているが、蒲焼きと水煮が増加し、トマト漬けが減少した。このことから、イワシ缶は、サバ缶やサンマ缶に比べて、調理形態別国内消費量比率の変化が大きいといえよう。

コラム10：3回のイワシ缶ブーム

イワシ缶は、青魚に関連したブームによって、これまで国内消費量（(国内生産量)－(輸出量)）が3回増加した。ここでは、イワシ缶の国内消費量が増加した3回の現象を「イワシ缶ブーム」と呼ぶことにする。

1回目のイワシ缶ブームでは、1983年にイワシ缶の消費量が急増。きっかけは、水産庁予算の「魚介類有効栄養成分利用技術開発事業（1983年度終了）」により、DHA、EPAを豊富に含むヘルシーな魚としてメディアがマイワシを健康食品として盛んに取り上げたことや、若返りの元「核酸健康食」ブームによる。1983年にはマイワシ漁獲量が374万トンと大量に水揚げされていたので、青魚の中でも特にマイワシへの関心が高かった。この結果、イワシ缶の国内消費量は、1981年の7,000トンから1983年には2万1,000トンに増加したが、ブームは長くは続かず、1986年には8,000トンとほぼ1981年並みに戻った。

2回目のブームでは、1992年にイワシ缶の消費量が急増。きっかけは、1991年に出版された「魚を食べると頭が良くなる」(鈴木平光著、ワニ文庫)という本である。この本は、1990年に東京で開催された「DHAシンポジウム」の翌年に出版されており、DHAの働きにより、魚を食べると頭が良くなるメカニズムを明らかにした。この結果、イワシ缶の国内消費量は、1990年の9,000トンから1992年には1万6,000トンに増加したが、ブームは長くは続かず、1994年には1万トンとほぼ1990年並みに戻った。

3回目のブームは、「サバ缶ブーム」がきっかけであり、サバ缶ブームによりイワシ缶の消費量が増加した。イワシ缶の国内消費量は、2017年の4,700トンから2019年には7,800トンに増加した。2017年と2019年の調理形態別国内消費量の変化をみると、水煮が60トン→1,300トンへ大幅に増加、味付けが2,100トン→2,800トン、味噌煮等が1,700トン→2,400トンに増加。1回目と2回目のブームでは、直接食べることが多い味付けとトマト漬けの消費量が増加。一方、3回目のブームでは、料理の素材としての利用が多い水煮の消費量が大幅に増加したことが特徴であることから、1回目や2回目のブームよりも長く続くことが期待される。

3．イワシ缶の調理形態別販売金額の動向

株式会社「KSP-SP」のPOSデータの月報を用いて、表6-6に、「水産缶詰(マグロ・カツオ以外)の販売金額上位50品目における調理形態別イワシ缶の販売金額順位の推移」を示した。ここでは、年間の国内消費量が多い12月のデータを用いた。

イワシ缶の合計品目数をみると、2010年から2015年には2～3品目で推移し、2016年がゼロ、2017年が2品目であったが、2018年には10品目に急増した。10品目の内訳は、味付けが4品目、味噌煮が3品目、蒲焼きが2品目、水煮が1品目であった。また、2019年には4品目、2020年が3品目であった。2020年の調理形態別内訳をみると、味付け、味噌煮、水煮がそれぞれ1品目

表6-6　水産缶詰（マグロ・カツオ以外）の販売金額上位50品目における調理形態別イワシ缶の販売金額順位の推移

販売金額が多い品目の順位	2010年	2011	2012	2013	2014	2015	2016	2017	2018	2019	2020
	12月	12	12	12	12	12	12	12	12	12	12
1											
2											
3											
4											
5											
6									味付		
7											
8									味噌煮		
9											
10											
11											
12											
13											
14											
15											
16											
17									蒲焼		
18											
19											
20											
21											
22											
23											
24											
25		味付									
26											
27	味付								味付		
28									味噌煮		味噌煮
29			味付								
30											

販売金額が多い品目の順位		2010年	2011	2012	2013	2014	2015	2016	2017	2018	2019	2020
		12月	12	12	12	12	12	12	12	12	12	12
31												
32					味付					水煮		
33												
34				味付		味付						味付
35												
36												水煮
37					味噌煮						味付	
38												
39										蒲焼		
40		味付										
41										味噌煮		
42		味噌煮				味噌煮				味付	蒲焼	
43									味付		味付	
44												
45										味付	味噌煮	
46												
47			味付		味付				水煮			
48							味付					
49							味付					
50				味噌煮								
イワシ缶の合計品目数		3	2	3	3	2	2	0	2	10	4	3
調理形態別内訳	味付	2	2	2	2	1	1		1	4	2	1
	味噌煮	1		1	1	1	1			3	1	1
	水煮								1	1		1
	蒲焼									2	1	

資料：全国販売 POS データ（KSP-POS、缶詰時報）

ずつであった。

4．イワシ缶の調理形態別地区別ランキングの状況

表4-2（43ページ）と同様に年報を用いて、表6-7に、「水産缶詰（マグロ・カツオ以外）の販売金額上位100品目におけるイワシ缶の調理形態別地区別ランキング（2019年）」を示した。

2019年の年報では、100品目中イワシ缶が13品目を占めた。その内訳をみ

表6-7　水産缶詰（マグロ・カツオ以外）の販売金額上位100品目におけるイワシ缶の調理形態別地区別ランキング（2019年）

調理形態	順位	地区別ランキング									
		北海道	東北	北関東	首都圏	北陸	東海	近畿	中国	四国	九州
味付け	23	7	9	8	10	6	4	3	1	1	5
	40	7	2	1	3	9	4	10	8	4	6
	42	1	4	5	8	2	6	9	10	7	2
	54	4	1	9	1	4	3	7	10	6	8
	66	9	9	1	4	2	7	8	3	6	5
	単純平均順位	8	5	2	6	1	2	10	9	2	6
味噌煮	27	7	9	8	10	6	5	3	2	1	4
	50	1	4	6	8	3	7	10	9	5	2
	74	1	3	8	4	7	2	10	9	5	6
	91	9	9	1	5	4	6	8	2	9	3
	94	7	2	1	3	8	4	10	9	4	6
	単純平均順位	5	6	2	8	7	2	10	9	2	1
蒲焼き	14	4	7	9	6	4	7	10	2	3	1
	43	8	10	6	3	7	3	5	9	2	1
	単純平均順位	7	10	8	3	5	4	8	5	2	1
水煮	70	6	10	1	2	4	3	5	8	7	9

資料：日刊水産経済新聞（2020年2月4日）（出典：KSP-POS）

ると、味付けが5品目（うち、50位以内が3品目）、味噌煮が5品目（うち、50位以内が2品目）であり、次いで蒲焼きが2品目（うち、50位以内が2品目）、水煮が1品目（うち、50位以内がなし）であった。

調理形態別地区別のランキング（単純平均順位）をみると、味付けは北陸が1位、北関東と東海、四国が第2位であり、北陸での消費が多い。味噌煮は九州が1位、北関東と東海、四国が第2位であり、九州での消費が多い。また、蒲焼きは九州が1位、四国が2位、首都圏が3位であり、西日本での消費が多い。水煮は北関東が1位、首都圏が2位、東海が3位であり、関東での消費が多い。

5．小売店舗におけるイワシ缶の販売状況

表6-8に、「神奈川県横浜市H駅周辺における小売店舗タイプ別イワシ缶の販売状況」を示した。H駅周辺の小売店舗（12店舗）が販売した調理形態別イワシ缶の合計（延べ品目数）をみると、味付け（18）、味噌煮（14）、蒲焼き（13）、油漬け（12）、水煮（9）、その他（8）、トマト漬け（2）の順であった。「その他」は、ショウガ、ニンニク、梅、大根おろし、明太焼き、レモンスープ、レモンソースがあった。

イワシ缶の品目数は、東急ストア（12）、オリンピック（12）、オーケー（11）、また、輸入品目数は、オリンピック（7）、イオン（3）、ダイソー（3）の順に多かった。蒲焼きは、他の調理形態に比べて、コンビニエンスストアへの納入比率が高いようだ。イワシの蒲焼きは、1970年代になって新製品として販売されるようになった。

コラム11：イワシ缶需要喚起による青魚缶詰の連携強化

1970年代以降の青魚缶詰は、サバ、マイワシ、サンマの3魚種がうまく連携しながら生産されてきた。これら3魚種は、いずれも北太平洋が生息海域であることから、ある魚種が減少すると別の魚種が増加する「魚種交代」の現象がみられていた。

現在の3魚種の缶詰生産状況を見ると、サンマは漁獲量の激減により産地価格

が高騰し、缶詰の生産量が減少。サバ類は漁獲量が増加せず産地価格が高止まりの状況にあり、缶詰が増産しにくい。一方、マイワシは漁獲量が増加して産地価格が安いので、缶詰を増産することが可能である。今後とも、青魚缶詰の連携強化を図るためには、イワシ缶の需要を喚起させて生産量を増加させることが望ましい。

表6-8　神奈川県横浜市H駅周辺における小売店舗タイプ別イワシ缶の販売状況

小売店舗のタイプ	小売店舗の名称	イワシ缶の調理形態別品目数								うち、国内産の品目数	うち、輸入した品目数	うち、大量販売の有無
		味付け	味噌煮	蒲焼き	油漬け	水煮	トマト漬け	その他	計			
デパート	ザ・ガーデンズ自由が丘	1			3	2	1		7	5	油漬け2（タイ）	無
スーパーマーケット	イオン	2	2	2		1		1	8	5	3：味噌漬け1（タイ）、味噌煮1（タイ）、蒲焼き1（タイ）	無
	コープ	2	2		2	1		2	9	5	油漬け1（ポーランド）	無
	東急ストア	2	2	3	1	1	1	2	12	11	油漬け1（タイ）	無
ディスカウントストア	オーケー	4	2	1		2		2	11	9	2：味噌煮1（タイ）、味付け1（タイ）	無
	オリンピック	3	3	2	3	1			12	5	7：味噌煮2（タイ）、味付け2（タイ）、油漬け3（ラトビア2、ポーランド1）	無
コンビニエンスストア	セブンイレブン	1	1	2	1	1		1	7	7		無
	ファミリーマート	1	1						2	2		無
	ローソン				1				1	1		無
百円ショップ	キャンドゥ			1	1				2		2：蒲焼き1（タイ）、油漬け1（タイ）	無
	シルク	1		1					2	1	蒲焼き1（タイ）	無
	ダイソー	1	1	1					3		3: 味付け1（タイ）、蒲焼き1（タイ）、油漬け1（モロッコ）	無
合計（延べ品目数）		18	14	13	12	9	2	8	76	51	25	

注：2020年8月29日に販売状況調査を実施

第７章　サバ缶の進化

第５章においてサバ缶ブームによる新しい変化の事例を述べたが、本章では、サバ缶の消費拡大に資すると思われる変化を「サバ缶の進化」として扱い、以下に６項目の「サバ缶の進化」の概要を紹介する。

①サバ缶は和食以外にも使い方が多様化

日本人が江戸時代に完成させた料理の「三大調味料」が「塩」、「味噌」、「醤油」である。そして、現在、国内で多く消費されているサバ缶が、水煮、味噌煮、味付け（醤油味）であり、三大調味料と一致している。これらのサバ缶は、これまで和食を中心とした料理に使われることが多かった。しかし、サバ缶ブームをきっかけに、和食の他に、洋食や中華、さらには創作料理にもサバ缶の利用の幅が広がった。サバ缶の使い方が多様化したことは、サバ缶の進化の１つである。

②サバ缶の健康情報が増加

魚の不飽和脂肪酸の１つ、DHA を世に広めるきっかけとなった研究者がイギリス人、マイケル・クロフォード博士である。クロフォード博士は、1989 年の著作で「日本の子供の知能が高いのは魚を多く食べてきたから」と発表した。翌 1990 年には東京において世界で初めての「DHA シンポジウム」が開催された。DHA シンポジウムを通して、サバ缶など DHA の多い加工食品に対する関心が高まった。

また、2013 年のテレビ番組において、サバ缶は食べると痩せるホルモンである GLP-1 を出す細胞を刺激するので、痩せる努力をしなくても痩せられると放送され、サバ缶ブームが起きる大きなきっかけになった。

2017年以降のテレビ番組では、サバ缶は、血管を強くし血液をサラサラにする、中性脂肪やコレステロールを改善する、骨を強くする、脳の認知機能を改善する、老化を防ぐ、生活習慣病に関わる健康効果がある、と頻繁に放送された。1980年代以降サバ缶の健康情報が増加したことは、サバ缶の進化の1つである。

③サバ缶料理のレシピ数が増加

サバ缶は、料理が簡単、しかも美味しいから料理の苦手な人、調理に時間をかけたくない人、忙しい人の味方になり、また、健康効果があり価格が安いので利用する人が増加。サバ缶は、「美味しさ価値」、「時間価値」、「健康価値」、「価格価値」の4つの価値が評価されるようになった。

その結果、料理レシピの検索・投稿サイト「クックパッド」で検索すると、サバ缶のレシピ数が8,800品（缶詰時報2021年1月号71ページ）に増加した。サバ缶レシピを通して、幅広い年代の女性が、非常食としてストックするのではなく、日常食としてサバ缶を様々な形で使い始めている。サバ缶レシピ数の増加は、サバ缶の進化の1つである。

④サバ缶の販売形態が多様化

従来販売されていたサバ缶は、内容重量100g当たり100円台と200円台の価格帯の品目数が多かった。しかし、サバ缶ブームによって、100円未満の価格帯の他に、300円台、400円以上の高級感のあるサバ缶が出現した。

このため、これまで、青魚缶詰をあまり扱っていなかった高級スーパーマーケットが、サバ缶を扱うようになった。また、デパートのお中元やお歳暮、さらに、通信販売においても、サバ缶が販売される事例が増えた。サバ缶の販売形態の多様化は、サバ缶の進化の1つである。

⑤サバ缶の自社ブランド数が増加

中堅・小規模缶詰会社は、2000年代までは大手企業など他社ブランドのサバ缶を委託生産することが多かった。しかし、サバ缶ブームにより、サバ缶に対するニーズが多様化、かつ需要量が増加したことから、大手企業ブランドによる販売力がなくても、独自性のあるサバ缶を販売できる環境に変化した。

このため、一部の中堅・小規模缶詰会社は、大手企業等の委託生産を行いつつ、同時に自社ブランドのサバ缶を生産するようになったため、自社ブランド数が増加した。「サバ子さんのツィッター」のデータによると、中堅・小規模缶詰会社によるサバ水煮缶の自社ブランド数が20品目もあった。サバ缶の自社ブランド数の増加はサバ缶市場を活性化させており、サバ缶の進化の1つである。

⑥機能性表示食品としてサバ缶を販売

2015年10月に、大手水産会社の「サバ水煮缶」が初めて機能性表示食品として消費者庁に届け出て受理された。これによって、DHAやEPAの機能をサバ缶のラベルに記載できるようになり、消費者は缶詰のラベルを見ることによって、サバ缶の良さを認知できるようになった。機能性表示食品としてサバ缶を販売できるようになったことは、サバ缶の進化の1つである。

補論　進化するポルトガルの水産缶詰

缶詰博士の黒川勇人さん[1]は、ポルトガルを「世界一缶詰を愛する国」と紹介されている。著者は、2019年秋にそのポルトガルを訪問し、観光地のお土産店や宿泊ホテル近くのスーパーマーケットで水産缶詰の調査を行ったので、その概要を述べる。

缶詰はヨーロッパで誕生した（コラム1、2ページ）。現在のポルトガルとスペインでは、水産缶詰が主要産業である。両国は、同じイベリア半島の隣国なので、さぞかし水産缶詰の嗜好も似ていると思われるが、違いがあった。スペイン人は貝類、イカ、タコなどの缶詰が好むが、ポルトガル人はイワシ、マダラなどの缶詰を好む。水産缶詰に使用する調味料は、スペインではエスカベッシュ（南蛮漬けの一種）など香辛料の効いたものや強いソースであるが、ポルトガルではトマトソースやスパイス（香辛料）、ピクルスが好まれる。

ポルトガルは、国土面積がわずか9万㎢の小さな国であり、1853年に最初の民間缶詰工場が開設され、イワシ缶が製造された。ポルトガルの缶詰工場は、北部に位置するワインで有名なポルト市の周辺に多い。ポルト市には、現存する最古の缶詰会社があるようだ。生産される缶詰は、当初、近海で漁獲されるイワシ缶が主体であったが、1950年代以降遠方海域でツナ（キハダマグロ、カツオ）が漁獲されると、ツナ缶も増加した。

João Ferreira Dias ら（2004）[2]が、ポルトガルにおけるイワシ缶の輸出量と水産缶詰の工場数の推移について報告している。ポルトガルの水産缶詰産業は、1880年代から1920年代までが発展期であり、1912年当時、ポルトガルは世界一の水産缶詰輸出国だった。そして、1930年代から1960年代まで高い水産缶詰生産量を維持した。1970年代以降生産量が減少したが、その後安定的に推移。イワシ缶の輸出量は、1880年代が数千トン、1920年代が5万トン、

1960 年代には 8 万トン、2004 年には 2 万トンであった。

水産缶詰の工場数は、1890 年頃が 50 工場、1924 年頃には 400 工場に増加したが、1929 年の世界大恐慌により 1930 年代から 1950 年代には 150 ～ 250 工場に減少、1990 年代から 2004 年には 50 工場になった。しかし、缶詰工場の生産性が向上したため、缶詰生産量は工場数の減少率ほどには減少していない。ポルトガルにおける水産缶詰の輸出先は、当初、スペインとブラジルが多かったが、その後、ヨーロッパ各国に拡大。イワシ缶はイギリス、フランス、ドイツ、ツナ缶はイタリア、スペインなどへ輸出された。

水産缶詰は、ポルトガルではどのような存在なのだろうか。ポルトガルの水産缶詰を、①水産缶詰に対する嗜好、②特にイワシ缶への嗜好、③煌(きら)びやかな水産缶詰販売店、の 3 つの観点から述べる。

①水産缶詰に対する嗜好

ポルトガルでは、水産缶詰が日々の生活の一部になっている。リスボンやポルトなどの主要都市には、水産缶詰のレストランやバーがある。レストランやバーでは、水産缶詰はパン、ワイン、野菜サラダとともにテーブルに出される必需食材。また、これらの都市では、水産缶詰を使ったグルメを提供するレストランがみられ、これが新しいビジネスチャンスとして評価されている。

ポルトガルは、水産缶詰の輸出に熱心であるが、国際的な価格競争では、南米やモロッコの缶詰に負けてしまう。このため、価格ではなく、品質の良さ、本当に美味しい魚の保存食を作ることで生き残ってきた。新鮮な魚介類を用いて出来上がった料理を詰め込んだ缶詰もあるようだ。水産缶詰はポルトガル人の誇りになっている。

②特にイワシ缶への嗜好

近海で漁獲されるマイワシ（European pilchard）は、ポルトガル人にとって特別な存在のようだ。日本のマイワシ（Japanese sardine）は資源変動が大きく、漁獲量が 1988 年の 448 万トンから 2005 年には 2.8 万トンへと 200 分の 1 に激減した。表補 -1 に、「ポルトガルにおける水産缶詰原料となる主要魚種の漁獲

表補 -1　ポルトガルにおける水産缶詰原料となる主要魚種の漁獲量の推移

（単位：トン）

魚種	漁場	1980 年	1990	2000	2010	2016
マイワシ	北東大西洋	106,438	93,471	66,283	63,759	13,725
カツオ	北東大西洋	1,689	2,252	1,040	11,586	701
ビンナガ	大西洋	79	3,917	764	267	1,137

注：FAO 漁獲統計

量の推移」を示した。ポルトガルのマイワシ漁獲量は、1980 年から 2010 年の 30 年間で半分程度しか減少しておらず、イワシ缶生産量は比較的安定しているようだ。

ポルトガルでは、イワシ缶とツナ缶の消費量が多い。多くのポルトガル人と何人かのスペイン人は、ツナ缶よりもイワシ缶の方を好む。後述する「COMUR」という水産缶詰販売店のパンフレットでは、マイワシを「大西洋の女王」と紹介。私も今回の訪問中、脂が乗った夏のマイワシを夕食に焼き魚で食べた。ポルトガルの人々は、マイワシに対する嗜好性が特に高く、水産缶詰の中でイワシ缶を最も多く消費し、イワシ缶をリスペクトしているとのこと。

③煌びやかな水産缶詰販売店

ポルトガルの主要な都市や世界遺産の観光地の街並みには、いろんな店舗があるが、ひと際幻想的で目立った店舗、それが「COMUR」の水産缶詰販売店である。本書の表紙にも掲載したが、16 世紀大航海時代の世界に君臨したポルトガルは、ブラジルから大量の金を本国に運び込んだが、それを彷彿とさせる煌びやかな店内には、壁一面に水産缶詰が並んでいる。

「COMUR」という会社は、ポルト市の南に位置するムルトザに水産缶詰工場を所有し、1942 年に創業した。この会社が経営する水産缶詰販売店では、オリーブ漬け（イワシ、アジ、サバ、タイ、ムツ、ボラ、タコ、メカジキ、ツナ、アンチョビー）、燻製のオリーブ漬け（カレイ、マス、ムール貝、サーモン）、焼きタラのオリーブ漬けなど 24 種類の水産缶詰を販売していた。日本語、英語、フランス語、スペイン語、中国語、その他多くの外国語で缶詰商品を紹介するパンフレットが店内に積まれ、外国人観光客がショッピングを楽しんでいた。店員さんの話によると、COMUR はポルトガル国内に水産缶詰販売店を 22 店舗運営しており、うちリスボン市内には 14 店舗あるとのこと。

EU 有数の観光立国として、海外から多くの旅行者が訪れるポルトガルでは、外国人観光客に水産缶詰を販売する、贅を尽くした豪華な販売店を有している。これはポルトガル独特の水産缶詰の販売形態であり、ポルトガルにおける水産缶詰の進化の 1 つである。この販売店は、水産缶詰産業と観光業の協同を通して、水産缶詰を「進化」させている。「種子島」以来のつながりを持ち、ユーラシア大陸の東端と西端に位置する日本とポルトガルが、水産缶詰を通してお互いが進化を競っているようにも感じられた。

注

1) 黒川勇人、世界一缶詰を愛する国・ポルトガル（前編）、缶詰博士の珍缶・美味缶・納得缶（14）、マイナビニュース、https://news.mynavi.jp/article/canning-14/

2) João Ferreira Dias and Patrice Guillotreau, 2004, NEARY TWO CENTURIES OF FISH CANNING: AN HISTORICAL LOOK AT EUROPEAN EXPORTS CANNED FISH, IIFET 2004 Japan Proceedings, 2004

写真補 -1　COMUR 店の入口

写真補 -2　COMUR 店内、壁一面の水産缶詰

写真補 -3　COMUR 店内、陳列棚

おわりに

著者は、2018年5月から日本水産缶詰輸出水産業組合・日本水産缶詰工業協同組合に勤務している。当組合は青魚缶詰を生産する会社により構成されていることから、サバ缶ブームの真只中にあって、サバ缶が話題となることが多かった。そのような中、一般社団法人大日本水産会・魚食普及推進センター長の川越哲郎氏から、「おさかな食べようネットワーク・メールマガジン」への寄稿依頼があった。まだ当組合に勤務して間もなかったが、「サバ缶を食べよう」をメインテーマに、2018年10月号に第1話として「テレビ番組によりサバ缶人気が急上昇」を寄稿することになった。その後も毎月1話ずつ寄稿し、2021年春に第30話の「進化するサバ缶詰」でもって終了した。本書は、メールマガジンの寄稿をベースに章立てを行い、とりまとめたものである。

2009年頃に小さな缶詰ブームが起きたことが、2017年秋以降のサバ缶ブームの展開につながった。サバ缶の国内生産量をみると、2006～2011年は2万トンであったが、東日本大震災後の2012～2017年が3万トン、サバ缶ブームの2018年・2019年には4万トンに大幅増加した。サバ缶ブームは、各種調理形態のサバ缶消費量を増加させ、特に水煮の増加量が多かった。

サバ缶ブームによって、サバ缶の国内需要が増加したが、国内の缶詰会社だけでは生産能力に限界があり、需要量に見合うだけのサバ缶を供給することができなかった。このため、日本の輸入商社等がサバ缶を大量に輸入するようになった。また、販売されるサバ缶は、従来100円台と200円台の価格帯が多かったが、サバ缶ブームを通して上位の価格帯と下位の価格帯の品目数が増えた。ブームを通して、サバ缶の魅力が情報発信され、サバ缶の品質や販売環境、食べ方などの幅が広がったことから、サバ缶に関する新しい変化がみられた。

サバ缶ブームによる新しい変化のうち、サバ缶の消費拡大に資すると思われる新しい変化を「サバ缶の進化」として、①サバ缶は和食以外にも使い方が多様化、②サバ缶の健康情報が増加、③サバ缶料理のレシピ数が増加、④サバ缶の販売形態が多様化、⑤サバ缶の自社ブランド数が増加、⑥機能性表示食品としてサバ缶を販売、の６項目を紹介した。

また、本書は、タイトルを「進化するサバ缶詰」とし、表紙の写真には、外国人観光客向けに水産缶詰の販売形態を「進化」させたポルトガル（世界一缶詰を愛する国）の幻想的な「水産缶詰販売店」を掲載した。

最後になったが、本書のとりまとめにあたり、一般社団法人大日本水産会の川越哲郎氏と、公益社団法人日本缶詰びん詰レトルト食品協会の土橋芳和専務理事からご指導をいただいた。また、当組合の髙木安四郎理事長、伊藤義郎氏（伊藤食品（株）前専務理事）、他多くの方々からも温かいご支援とご指導をいただいた。ここに厚くお礼を申し上げる。

索　引

数字・欧文

あ行

か行

さ行

た行

な行

は行

ま行

や行

ら行

わ行

著者略歴

松浦　勉（まつうら　つとむ）

1952年　山口県生まれ
1975年　長崎大学水産学部卒業
1976年　水産庁入庁
（この間、科学技術庁海洋開発課、鳥取県農林水産部、宇宙開発事業団に出向）
1999年　中央水産研究所経営経済部配属
2006年　博士（水産科学）・北海道大学授与
2018年　日本水産缶詰輸出水産業組合・日本水産缶詰工業協同組合　専務理事就任

主要著書

『漁業管理研究』（成山堂、1991、共著）
『21世紀のくにづくりを考える』（TOTO出版、1991、共著）
『東アジア関係国の漁業事情』（海外漁業協力財団、1994、編著）
『漁村の文化』（漁村文化懇談会、1997、共著）
『宇宙開発と種子島』（東京水産振興会、1998、単著）
『続・日本漁民史』（舵社、1999、共著）
『漁業経済研究の成果と展望』（成山堂、2005、共著）
『競争激化の中で成長を続ける東南アジアの養殖業』（東京水産振興会、2006、単著）
『東南アジア関係国のマングローブ汽水域における養殖管理の比較分析』（英文）（国際農林水産業研究センター、2007、編著）
『魚食文化の系譜』（雄山閣、2008、編著）
『沖底（2そうびき）の経営構造』（北斗書房、2008、単著）
『三大内湾域のアサリ漁業と東京湾の再生』（東京水産振興会、2010、単著）
『トラフグ物語』（農林統計協会、2017、単著）
『頑張っています定置漁村』（農林統計協会、2018、共著）
『郷土史大系　生産・流通（上）―農業・林業・水産業―』（朝倉書店、2020、共著）
『頑張っていますわれらが漁村（漁村地域活性化事例集）』（新水産新聞社、1991、編）

進化するサバ缶詰
ーサバ缶ブームによる新しい変化ー

2021年5月28日　第1刷発行
2021年10月20日　第2刷発行　Ⓒ　定価はカバーに表示しています。
著　者　松浦　勉
発行者　高見　唯司
発　行　一般財団法人　農林統計協会
〒141-0031　東京都品川区西五反田7-22-17
TOCビル11階34号
http://www.aafs.or.jp
電話　出版事業推進部　03-3492-2987
編　集　部　03-3492-2950
振替　00190-5-70255

Evolving canned mackerel
: New changes by canned mackerel boom

PRINTED IN JAPAN 2021

落丁・乱丁本はお取り替えします。　印刷　大日本法令印刷株式会社
ISBN978-4-541-04329-0　C3062